Herstellung: Books on Demand GmbH

ISBN 3-8311-1639-3

Vorwort	5
Das mathematische Paradies	8
Wissen belastet	11
Der Weg zur Weisheit	16
Die Macht der Gewohnheit	23
Relativistische Effekte	30
Quanten-Phänomene	36
Licht ist reine Energie	40
Einsteins größter Irrtum	52
Das Universum breitet sich aus	56
Die Urknall-Theorie	63
Die Universumsuhr	66
Die Äthertheorie	68
Schneller als das Licht	71
Ein unlösbarer Widerspruch	75
Die versteckten Dimensionen	83
Unser Sonnensystem	85
Entartete Masse	89
Kleine Sonnen leben länger	92
Die Masse macht's	97
Die Leichtigkeit des Seins	100
Das Gleichgewicht der 4 Ur-Kräfte	102
Zeit – die vierte Dimension	107
Die Synchronisation der Zeit	110
Die Zeit einfrieren	112
Eine neue Definition der Zeit	114
Die Dehnung der Lebenszeit	119
Der Massendefekt - Die Masse ist weg!	126
Mehr Masse durch Geschwindigkeit	128
Die Zeitdilatation – Die Dehnung der Zeit	132
Länger leben auf schweren Planeten	139
Wurmlöcher und Zeitschleifen	146
Die Zeitbarriere	149
Zeitreisen	151
Die Reise zu anderen Welten	154
Die Lebenszeit eines Glühbirnchens	158

Der Stillstand der Gedanken 160
Der relative elektrische Widerstand 163
Das Informationsquant 187
Baud statt Bit 191
Informationen kosten Zeit 193
Epilog 204
Quellen 207

Dieses Buch widme ich meiner Frau Jutta und meinem kleinen Sohn Marvin, die mich bei der intensiven Arbeit an dem Buch ermutigt und aufgemuntert haben und meiner Mutter, die alles gut findet, was ich tue, und ohne deren Hilfe ich sicher nicht studiert hätte.

Vorwort

Die Diskussion der Frage „Was die Welt im Innersten zusammenhält" wie es Goethe vor 200 Jahren formuliert hat, ist auch heute noch genauso faszinierend wie frustrierend.

Faust verkauft in dem gleichnamigen Werk dem Teufel seine Seele für diese Erkenntnis.

Dabei sind es nicht irgendwelche Detailprobleme, die noch Schwierigkeiten bereiten, sondern fundamentale, also grundsätzliche Fragen, die ungelöst sind.

Gerade dies macht die Diskussion für die Allgemeinheit so interessant. Es sind im wesentlichen die Fragen um die Schöpfung, also die Frage nach der Entstehung und dem Schicksal unseres Universums. Wir hoffen dadurch, unsere eigene Existenz und deren Zukunft im Universum zu verstehen.

Die moderne Physik widerspricht jedoch unserem gesunden Menschenverstand. Deshalb wundert es einen auch nicht, daß die Wissenschaft intensiv nach einer *Weltformel* sucht, ihr Glück also in der Mathematik zu finden glaubt.

Bei meinen Recherchen traf ich auf erstaunlich viele Physiker, die nicht mehr an den *Un-Sinn* der modernen Physik glauben und zur *Rückkehr in die Rationalität* aufrufen. Denn, wenn in der Physik die Gesetze der Logik nicht mehr greifen, wo sonst?

Dieses Buch erklärt das Dilemma, in dem die *moderne Physik* steckt, weil sich Quanten- und Relativitätstheorie in wichtigen Grundaussagen widersprechen und trotzdem irgendwie miteinander verheiratet werden sollen.

Die Quantentheorie kann den Welle-Teilchen-Dualismus nur als *geisterhaftes Phänomen* erklären.

Die Relativitätstheorie verstößt gegen den gesunden Menschenverstand, weil sie behauptet, daß verschiedene Raum-Zeit-Systeme physikalisch gleichwertig sind. Über **die Zauberformeln der Relativitätstheorie** sollen sogar Reisen in die Vergangenheit möglich sein.

In diesem Buch versuche ich die Widersprüche der modernen Physik auf einfache Weise darzustellen und fundiertes Wissen über den aktuellen Stand der modernen Physik zu vermitteln.

Durch die Übertragung der Relativitätstheorie auf die Nachrichtentechnik möchte ich die Relativitätstheorie „bildlich" machen und beweisen, daß unterschiedliche Raum-Zeit-Systeme nicht physikalisch gleichwertig sind!

Dies wird die Relativitätstheorie nicht stürzen, aber, so hoffe ich, etwas geraderücken. Neue, von mir entwickelte Formeln, habe ich mit gestricheltem Rahmen versehen, weil für sie der experimentelle Nachweis fehlt.

Einstein war zweifelsohne der Meister aller Querdenker und Zweifler. Er hatte der Quantentheorie zum Durchbruch verholfen, aber nie an sie geglaubt. So fangen die Widersprüche der modernen Physik mit ihren Begründern an.

Max Planck wurde von einem Physik-Studium abgeraten, weil es angeblich nichts mehr zu entdecken gäbe.

Spielt Gott Würfel?

Sind die Zauberformeln der Relativitätstheorie, nach der angeblich Reisen in die Vergangenheit oder eine Durchtunnelung der sogenannten Raum-Zeit durch hochverdichtete Massenobjekte möglich sein sollen, der Weisheit letzter Schluß?

Ist der *Schwarze Gurt* der Physik Realität oder einfach nur sehr schwierig zu widerlegen?

Dem interessierten Leser wird ein Weltbild vermittelt, daß auf der einen Seite den aktuellen Stand des Wissenschaft wiederspiegelt, auf der anderen Seite aber auch auf die vielen Widersprüche hinweist.

„*Was die Welt zusammenhält*" verbindet Religion und Philosophie mit Physik und Biologie, um grundsätzliche Begriffe wie Energie und Leben, Raum und Zeit zu klären, auch wenn hierfür nicht immer mathematische Formeln geliefert werden können.

Der Autor hat dabei darauf geachtet, daß das Lesen des Buches eine angenehme Kurzweil vermittelt, weil er meint, daß die Reise das wichtigste Ziel allen Wissens ist.

Das mathematische Paradies

Am 1. Tag
Am Anfang schuf Gott Adam und Eva. Und Adam war wüst und leer, und es wollte nicht Licht werden im Kasten seines Gehirns, wo Finsternis und Chaos herrschten. Und Gott sprach: "Es werde eine Feste in der Wirre der Gedanken und Begriffe und ihr Name sei Mathematik." Und es geschah also.

So ward aus plus und minus der erste Tag.

Am 2. Tag
Und Gott schuf gerade und krumme Linien, ebene und gewölbte Flächen und Körper der verschiedensten geometrischen Formen mit Winkeln und Längen und gab sie Adam, auf daß er sie berechne und sich an ihnen erfreue. Und Gott sah, daß es gut war.

So ward aus Sinus und Cosinus der zweite Tag.

Am 3. Tag
Und Gott schuf Potenzen und Wurzeln, rein- und gemischtquadratische Gleichungen, reelle und imaginäre Zahlen und sprach zu Adam: "Rechne mit ihnen nach den Gesetzen der Algebra, und du wirst den binomischen Lehrsatz finden."

So ward aus Quadrat und Kubik der dritte Tag.

Am 4. Tag
Und Gott sprach: "Es werde das Koordinatensystem mit seinem Ursprung, mit Ordinate und Abszisse. In dieses sollen sich einfügen Kreise, Ellipsen, Hyperbeln mit Pol, Polaren, konjugierten Durchmessern und Tangenten, Kurven höherer und noch höherer Ordnung, Asymptoten, Hoch-

und Tiefpunkten, mit und ohne Wendepunkten." Und Gott sah, daß es gut war.

So ward aus Maximum und Minimum der vierte Tag.

Am 5. Tag
Und Gott formte die Erde mit Groß- und Kleinkreisen, mit Längen- und Breitenkreisen, mit Meridianen und Vertikalen und gab ihr einen Platz im Mittelpunkt der Himmelskugel mit Horizont, Zenit und Nadir, mit Äquator, Nord- und Südpol, und er setzte auf diese Kugel Gestirne, deren Lage, durch Höhe, Deklination und Stundenwinkel bestimmt war. Und Gott betrachtete sein Werk mit Wohlgefallen.

So ward aus Längenzeit und Zeitgleichung der fünfte Tag.

Am 6. Tag
Und Gott sprach: "Die Erde bringe hervor kleine und kleinste Teilchen in einer Menge, daß ihre Zahl gegen unendlich strebe." Und es geschah also. Der Herr nannte diese Teilchen lim x für x gegen unendlich. So schuf der Herr Logarithmen, und er baute Reihen, endliche und unendliche.

So ward aus konvergent und divergent der sechste Tag.

Am 7. Tag
Am siebten Tage aber ruhte Gott. Und er gab Adam die Logarithmentafel und sprach: "Siehe ich gebe in Deine Hände das ganze mathematische Paradies. Nun darfst du addieren und multiplizieren und potenzieren. Nur durch die Zahl 0 darfst du nicht dividieren; denn diese Zahl ist ein Geschöpf des Fürsten der Finsternis."

Die listige Schlange aber sprach zu Eva[1]: "Wer durch 0 dividiert, wird lernen, was richtig und falsch ist." Und das törichte Weib sprach zu Adam: "Dividiere und die Gleichung wird viel einfacher werden." Und Adam faßte sich ein Herz und dividierte durch 0. Da wurden ihre Augen aufgetan, und sie erkannten, daß sie nackt waren. So machten sie sich Schürzen aus abgewickelten Oberflächenintegralen. Da trieb Gott Adam und Eva aus dem mathematischen Paradies und sprach zu ihnen:

"Weil Du durch 0 dividiert hast, sei deine Arbeit verflucht. Im Schweiße deines Angesichts sollst du dein Leben lang differenzieren, integrieren und logarithmieren.

Nie sollst du eine Zahl unendlich erreichen und für pi und e genaue Werte finden. Du wirst für den Sinus von zwei verschiedenen Zahlen den gleichen Wert erhalten und nie einen exakten mathematischen Text hervorbringen."

Da erhob sich Adam zum Widerspruch.

Das erzürnte Gott, und der Herr sprach: „Weil Du ungehorsam bist, seist Du mit der Relativität der Inertialsysteme gegeißelt. Nie sollst du eine Geschwindigkeit als absolut finden und c +v größer als c werden. Licht sei nicht mehr in jeder Menge da, sondern nur noch portionsweise."

So ward es wieder dunkler im Kasten des Gehirns von Adam.

Fazit
Die Division durch Null und unendliche Werte sind ein mathematisches Dilemma!

---

[1] Der Autor betont, daß er nicht glaubt, die Frau sei an dem Schlamassel der modernen Physik schuld, sondern daß die Schuld wohl eher einer übergeordneten Macht zuzuordnen ist.

Wissen belastet

Es ist unsinnig zu glauben, daß nur das existiert, was wir begreifen und mathematisch beschreiben können. Die Realität entsteht nicht durch unser Denken, denn die Realität bestand schon lange, bevor Menschen zu denken begannen. Vielmehr entsteht unser Denken durch die Realität. Irgendwann sind wir vielleicht sogar in der Lage die volle Realität, das heißt die ganze Wahrheit, zu verstehen.

Können wir uns selbst überhaupt begreifen?

Ein unendlich großes Universum, das schon ewig existiert und das Nichts, was es umgibt, ist jenseits unserer Vorstellungskraft. Sind diese Superlativen vielleicht nur Denkbrücken für unseren bescheidenen Intellekt?

Mathematisch ist Unendlichkeit mal Nichts nicht definiert. Die Relativitätstheorie scheitert in der Singularität, der unendlichen Raumkrümmung. Auch ist es nicht möglich eine Zahl durch Null zu teilen. Deshalb kann gemäß Relativitätstheorie kein System je Lichtgeschwindigkeit erreichen.

Die Null und die Erfindung der imaginären Zahlen sind Geniestreiche der Mathematik.

Ein italienischer Mathematiker hatte vor 300 Jahren vor negativen Zahlen unter der Quadratwurzel nicht kapituliert und einfach weitergerechnet.

In der Unendlichkeit brechen alle bekannten Theorien zusammen, weil sie jenseits unserer Vorstellungskraft ist. Für uns ist ja nicht mal unser eigenes Ableben, der Tod, begreiflich, weil ja nach dem Tod die Ewigkeit wartet, weswegen sich die meisten von uns in den Glauben retten.

Prinzipiell ist das Denken an die eigene Sterblichkeit ja ziemlich unerfreulich und da ist etwas Aufmunterung, der Ausblick auf ein Weiterleben im Himmel, durchaus zweckmäßig. Der Mensch hat die Religion entwickelt, um mit dem Tod seiner Angehörigen und dem eigenen Ableben besser fertig werden zu können. Die Religion ist das Gegengewicht zu unserer Intelligenz, die als unerfreulichen Ballast ein Bewußtsein entwickelt hat. Sie ist die Sicherung, die uns vor dem Wahnsinn schützt. Ein Mathematiker würde sagen, wenn G die Glückseligkeit ist und W die Weisheit, dann verhält sich G linear antiproportional zu W.

... oder einfach gesagt: „Wissen belastet!".

„Was man nicht weiß, macht einen nicht heiß!"

Wie geht man mit seinem ganzen Wissen um?

Ärzte sagten dem schwer erkrankten Stephen Hawking, einem der berühmtesten Wissenschaftler unserer Zeit schon vor 20 Jahren den unmittelbaren Tod voraus. Gekrümmt sitzt er in einem Rollstuhl und kommuniziert über einen speziell für ihn angefertigten Computer mit seiner Umwelt. Statt sich aufzugeben, versucht Hawking den größten Widerspruch in der Physik zu lösen und lebt heute noch.

Nicht die Tatsache zählt, sondern nur die Einstellung zu ihr.

Vielleicht wissen wir ja doch nicht so gut Bescheid, wie wir glauben. Die großen Rätsel der Physik und des Lebens sind jedenfalls ungelöst und vielleicht jenseits unserer Vorstellungskraft. Glücklicherweise ist der Mensch ein sehr guter Verdrängungskünstler. Unangenehmes Wissen wird einfach verdrängt oder nicht beachtet. Dieses Prinzip bestimmt unser Weltbild. Dadurch besteht natürlich die Gefahr, daß wir unangenehme

Tatsachen einfach ignorieren, weil ihre Konsequenz für uns zu unerfreulich wäre.

Napoleon, der berühmteste Feldherr aller Zeiten, hat durch diese Verhaltensweise die Schlacht von Waterloo verloren. Er wollte die unerfreuliche Information eines Spähers, der über feindliche Truppen aus unerwarteter Richtung berichtete, nicht akzeptieren.

„Der Überbringer von schlechten Nachrichten wird geköpft", sagt eine Volksweisheit.

Der Mensch ist immer bestrebt, an die Wendung zum Guten zu glauben, Prinzip Hoffnung. Ein erfolgreicher Film braucht ein Happy End.

Die meisten Menschen reden lieber über ihre Erfolge als über ihre Mißerfolge. Wenn einer doch über seine Mißerfolge plaudert, wird er merkwürdig bestaunt.

Ein Tip für Ihr nächstes Bewerbungsgespräch: Reden Sie über Ihre Stärken, nicht über Ihre Schwächen, dann werden Sie bestimmt eingestellt.

Ein Tip für Prüfungen: Reden Sie über das, was Sie wissen, nicht über das, was Sie nicht wissen, dann bestehen Sie.

Kranke Tiere werden in der Natur gemieden, erfolglose Menschen auch!

Die Wahrscheinlichkeit mit dem Flugzeug abzustürzen, ist genauso groß, wie beim Lotto 6 richtige zu raten. Menschen, die daran glauben im Lotto gewinnen zu können, dürften eigentlich nicht fliegen. Denn was nützt ein Lottogewinn, wenn man mit dem Flugzeug abgestürzt ist?

Warum denken wir eigentlich so intensiv darüber nach, wie die Dinge zusammenhängen?

In erster Linie weil wir genetisch so gestrickt sind.
30.000 Jahre Evolution haben uns konditioniert.

Friedrich Nietzsche, einen der berühmtesten deutschen Philosophen trieb es in den Wahnsinn. Von ihm stammt der Satz:

„Gott ist tot".

Nach Nietzsche ist der ideale Mensch ein Übermensch, der frei von allen Emotionen rational entscheidet.

Nur, was ist rational?
Rational entscheiden heißt für Raubtiere, mit möglichst geringem Energieaufwand und möglichst ohne Verletzungsgefahr Beute zu machen. Fleischfresser sind die intelligenteren Lebewesen, weil sie intelligenter als ihre Beute sein müssen. Sonst wären sie schon längst ausgestorben. Selbst große Raubtiere wie Haie oder Löwen sind erstaunlich vorsichtige Jäger. Denn schon eine kleine Verletzung kann in der Natur den sicheren Tod bedeuten. Im Zweifelsfall ziehen sie sich lieber zurück.

Der Klügere gibt nach!

Deshalb verwunden Haie ihre Beute auch nur und warten, bis sich das Opfer, geschwächt durch den großen Blutverlust, nicht mehr wehren kann. Das ist der Grund dafür, warum viele Menschen Haiangriffe überhaupt überleben konnten. Wäre der Hai aggressiver vorgegangen, hätte der Mensch keine Chance gehabt.

Unsere Intelligenz hat uns überleben lassen und trotz, im Gegensatz zu anderen Lebewesen, wirklich kümmerlichen Körperbaus und armseligen Wahrnehmungssinns zum Herrscher über alle Lebewesen auf der Erde werden lassen.

Da Einzelkämpfer Gruppen immer unterlegen sind, hat uns die Fähigkeit mit anderen Menschen zu kommunizieren, von anderen Menschen zu lernen, Arbeit aufzuteilen, Werkzeuge herzustellen, sich gegenseitig zu helfen und nicht zu vergessen unser Daumen, zum Sieger der Evolution gemacht.
Bei uns Menschen erzeugt die Umwandlung von Unbekanntem in Bekanntes, kurz gesagt das Lernen, ein Wohlgefühl, das süchtig macht. Die Amerikaner nennen das *Flow*.
Deshalb klettern Menschen auf Berge, tauchen auf den Meeresgrund oder fliegen zum Mond.

Nur wegen dem *Flow-Feeling*.

Kann ein Mensch nichts Unbekanntes in Bekanntes umwandeln, ist er gelangweilt und demotiviert. Falls ein Mensch glaubt, eine Aufgabe ist unlösbar, so empfindet er Frust oder gar Angst. Die optimale Motivation erhält ein Mensch, wenn die Aufgabe schwierig, aber für ihn lösbar ist, und er dabei etwas lernt, also Unbekanntes in Bekanntes umwandeln kann.

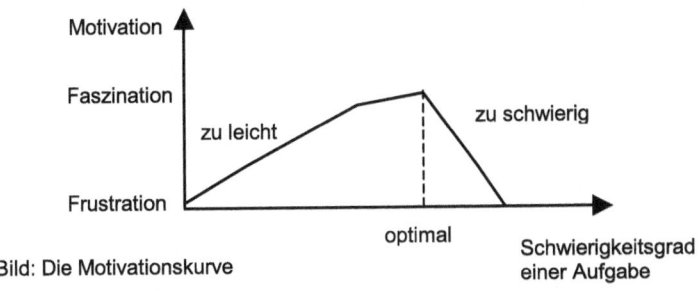

Bild: Die Motivationskurve

Deshalb reisen Menschen so gerne. Denn beim Reisen wandelt man relativ gefahrlos eine vorher unbekannte Gegend in eine bekannte um. An die *schöne Zeit* erinnert man sich danach gerne zurück.

Fazit
Die Umwandlung von Unbekanntem in Bekanntes erzeugt ein angenehmes *Flow-Feeling*!

Der Weg zur Weisheit

Ein Mann in einem Heißluftballon hat sich verirrt, weshalb er die Höhe stark verringert, als er zufällig einen Wanderer entdeckt.

Er fragt ihn: „Können Sie mir sagen, wo ich bin? Ich muß mich in einer Stunde mit einem Freund treffen".

Der Wanderer antwortet: „Natürlich! Sie sind in einem Heißluftballon! Ihre Position ist zwischen 40 und 42 Grad nördlicher Breite und zwischen 80 und 82 Grad westlicher Länge."

Der Ballonfahrer: "Sie sind bestimmt Ingenieur oder Physiker?"

Der Wanderer: „Bin ich! Woher wissen Sie das?"

Der Ballonfahrer: "Ihre Antwort ist technisch bestimmt korrekt. Aber niemand kann damit etwas anfangen!"

Der Ingenieur daraufhin: „Sie sind bestimmt Manager oder Politiker?"

Der Ballonfahrer : „Bin ich! Woher wissen Sie das?"

Der Ingenieur: "Sie tun etwas, von dem Sie eigentlich keine Ahnung haben und haben ein Versprechen gegeben, von dem Sie nicht wissen, wie Sie es halten sollen.
... aber irgendwie ist jetzt alles meine Schuld."

Jeder Beruf bildet bestimmte Charaktere heraus. Treffen diese unterschiedlichen Charaktere aufeinander, ist meist schieres Mißverständnis die Folge.

Einen Professor etwas zu fragen, ist oft reine Zeitverschwendung, weil er es einem doch nicht „verständlich" erklären kann (will). Dinge auf einfache Weise zu erklären, so daß sie jeder verstehen kann, ist eine große Kunst, die nur wenige beherrschen (wollen). Die wenigsten Dinge im Leben sind durch Grübeln zu lernen. Die Praxis ist der beste Lehrmeister.

Versuch macht kluch und Wissen hemmt!

Mein 2,5 Jahre junger Sohn erstaunte mich, als er in einem Spanienurlaub völlig vorurteilslos einen deutschen Radiostecker ohne Adapter in eine spanische Steckdose steckte. Von dem Zeitpunkt an ließ ich den umständlichen Adapter auch weg. Ich hatte in einem Reiseführer gelesen, daß man einen Adapter benötigt.

Wenn Informationen fehlen, ist die Lösung eines Rätsels oft reine Raterei und kann auch nicht durch intensives Nachdenken gelöst werden.

Das Erraten von Lösungen ist auch in der Mathematik eine durchaus übliche Methode, um sich Lösungen für komplizierte Gleichungen zu beschaffen.

Auch in der Kryptanalyse [2] ist das Erraten von Informationen ein beliebter Ansatz, um verschlüsselte Informationen zu entschlüsseln. Das systematische Durchprobieren aller möglichen Schlüssel wird als Brute-Force-Angriff bezeichnet.

Rechner schaffen es oft in sekundenschnelle, solche Schlüssel zu erraten. Kreditkartentransaktionen wurden vor Jahren noch mit einer einstelligen Prüfzahl geschützt übertragen. Mit einer Wahrscheinlichkeit von 1:10 konnte man sie erraten. Eine EC-Karten-PIN (Geheimnummer) kann mit einer Wahrscheinlichkeit von etwa 1:300 erraten werden, weil erstens nicht alle möglichen PINs benutzt werden, und man zweitens 3 Versuche hat.

---

[2] Die Kunst verschlüsselte Informationen zu entschlüsseln

Labyrinthe löst man am einfachsten vom Ziel aus. Im Zweiten Weltkrieg fingierten die Engländer Flugzeugangriffe, um die darauffolgende „bekannte" aber verschlüsselte Nachricht zu entschlüsseln und so an den Verschlüsselungscode zu kommen. Schon die alten Ägypter waren mit der Verschlüsselung von Informationen vertraut. Sie schützten die Schätze der Pharaonen und die Toten durch sehr kompliziert aufgebaute Labyrinthe. Die Information, die einem Labyrinth fehlt, ist der Bauplan. Mit Bauplan verliert ein Labyrinth seine Mystik und ist einfach zu durchschauen. Ohne Bauplan ist der Weg zur Grabkammer nicht durch intensives Nachdenken zu finden, sondern nur nach der Methode *Try and Error*. Der Error führt im schlimmsten Fall zum Tod.

Eines der bekanntesten Labyrinthe ist das von Amenemhet III in Ägypten, das über 3000 Kammern besitzt. Hat man sich einmal in solch einem Labyrinth verirrt, kommt man nicht mehr heraus. Die Wahrscheinlichkeit, daß man durch reine Raterei bis zur Grabkammer kommt und wieder herausfindet, ist gleich Null. Wenn man am Eingang einer Pyramide, wie im Beispiel vereinfacht dargestellt, falsch abgebogen ist, kann man nicht mehr zur Grabkammer gelangen, auch wenn man dann immer richtig abbiegen würde. In der Mathematik bezeichnet man so etwas als Folgefehler. Die erste und damit wichtigste Entscheidunwird in der Informationstechnik das *Most Significant Bit*[3] genannt.

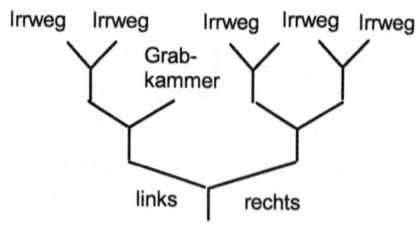

Bild: Vereinfachter Entscheidungsbaum eines Labyrinths

---

[3] Die bedeutendste Entscheidung

18

Diese fundamentale Betrachtungsweise stellt die heutige Physik vor ein unlösbares Problem, wenn sie sich am unteren Ende des Entscheidungsbaums entscheiden muß, ob Licht Teilchen oder Welle ist. Denn auf Entscheidungsbäumen basiert alles logische Denken.

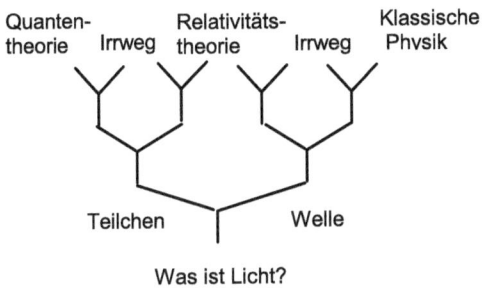

Bild: Der Entscheidungsbaum für die Welttheorien

Auch wenn die Relativitätstheorie mathematisch korrekt ist, bleibt immer noch die Frage, ob Einstein von der richtigen Modellvorstellung bzw. vom richtigen Weltbild ausgegangen ist.

In Einsteins Weltbild ist Lichtgeschwindigkeit die höchste zu erreichende Geschwindigkeit. Inertialsysteme, unabhängig davon, mit welcher Geschwindigkeit sie durch das Universum sausen, sollen physikalisch gleichwertig sein. Das Universum ist leer, also nicht von Äther erfüllt und wird durch die Sterne und Planeten verbogen und verzwirbelt. Raumschiffe können Lichtgeschwindigkeit nicht überschreiten und schrumpfen bei 87% Lichtgeschwindigkeit in Bewegungsrichtung auf die Hälfte zusammen.

Licht ist keine elektromagnetische Welle, sondern besteht aus Teilchen, sogenannten Photonen, die eine bestimmbare Masse besitzen.

Einstein selbst sagte, daß ihn der Welle-Teilchen-Dualismus noch ins Irrenhaus bringen würde (mich übrigens auch), weil dieser widersprüchlich erscheint. Er glaubte seltsamerweise auch nicht an die Quantentheorie, auf der er seine *Spezielle Relativitätstheorie* aufbaute. Dies ist insbesondere deshalb erstaunlich, weil er für die quantentheoretische Erklärung des Lichts sogar den Nobelpreis bekam.

„Die Geister, die ich rief!" hatte sich wohl Einstein gedacht und verbrachte den Rest seines Lebens damit, die Quantentheoretiker mit schwierigen Gedankenexperimenten zu ärgern.

Bei mathematischen Formeln ist es immer wichtig, sich über den Wertebereich im klaren zu sein, für den die Formeln gelten. Formeln gelten nie von null bis unendlich, weil sie immer eine Vereinfachung der tatsächlichen Gegebenheiten darstellen und sich ab bestimmten Werten meist „unerwartete" Effekte einstellen.

Viele Rätsel sind nur zu lösen, wenn man bestimmte Informationen besitzt. Fehlen diese Informationen, macht es keinen Sinn darüber nachzugrübeln. Vielmehr sollte man sich die entsprechenden Informationen besorgen. Deshalb wird oft der Trick angewandt, ein bestimmtes Weltbild einfach als richtig anzunehmen, und zu schauen, wo man damit hingelangt. Stößt man auf Widersprüche, wird das Weltbild wieder etwas geradegerückt.

Diese Annahmen werden Axiome oder Postulate genannt. Die Physik ist voll davon. Axiome oder Postulate sind nicht beweisbare Annahmen, die für weitere Schlußfolgerungen benötigt werden.

Oft hört man: Das ist eben so! Und man bekommt den Eindruck, man wäre zu dämlich, es zu verstehen. Dabei gibt es überhaupt nichts zu verstehen, sondern nur zu akzeptieren. Deshalb sollte das Wort *erklären* prinzipiell aus den Physikbüchern gestrichen und durch *beschreiben* ersetzt werden. Denn das ist alles, was wir derzeit können:

Beschreiben

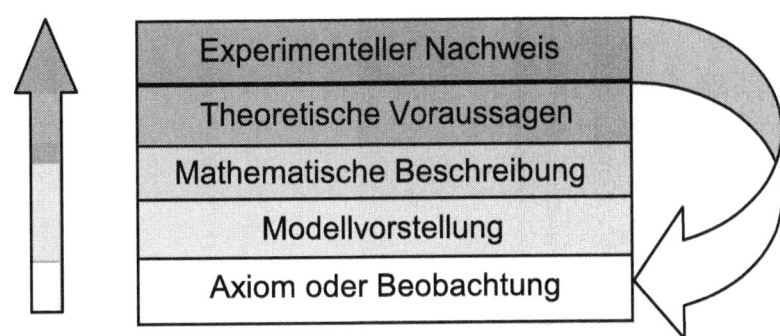

Bild: Entwicklung eines Weltbildes

„In den Axiomen liegt alle Wahrheit", wie Einstein bemerkte. Ist das Axiom falsch, dann ist es auch die Theorie, die darauf aufbaut. Je weniger Axiome notwendig sind, desto größer die Weisheit.

Das Ziel ist also die gesamte Physik auf möglichst wenig Axiome zu stellen. Deshalb träumen viele Physiker von der Weltformel bzw. einer einzigen Urkraft aus der alles andere entstanden ist. Es sind die Axiome, die maßgeblich unser Weltbild bestimmen.

Sind alle Inertialsysteme tatsächlich physikalisch gleichwertig?

Würden Sie darauf Ihr Leben verwetten, Herr Professor?

Newton meinte, das Licht bestehe aus Korpuskeln. Dann erkannte man jedoch den Wellencharakter des Lichts, um nach Erscheinen der Relativitätstheorie die Doppelnatur des Lichts zu postulieren. Die Physik erklärt nur scheinbar die Natur, weil am Anfang jeder physikalischen Modellvorstellung ein Axiom steht, das nicht weiter erklärbar ist.

Die nachträgliche Änderung eines Axioms oder das Korrigieren einer Beobachtung kann deshalb in der Physik leicht eine wissenschaftliche Revolution auslösen, so wie es bei der Quantentheorie passiert ist, als man Licht plötzlich wieder über das Teilchenmodell verstand.

Nicht gesichertes Wissen muß durch das Experiment in gesichertes Wissen umgewandelt werden, bis aus der Theorie eine Tatsache geworden ist. Ohne das Experiment ist gesichertes Wissen praktisch nicht möglich.

Neue Theorien müssen hierbei wie kleine Babys unter Schutz gestellt und gepflegt werden, denn sie sind die Zukunft allen Wissens. Wir sind gerade erst aufgebrochen zu unserer Reise ans Ende allen Wissens. Ein weiter Weg liegt noch vor uns. Noch scheint vieles in der Physik kompliziert, verworren und unklar.

Konrad Adenauer, einer der berühmtesten Politiker, des 20. Jahrhunderts sagte einmal: „Was man nicht vereinfachen kann, hat man auch nicht verstanden!"

Fazit
Die Physik erklärt nicht die Natur, sie beschreibt sie nur!

Die Macht der Gewohnheit

Ein alter Professor für Elektrotechnik sagte mir mal: *„Das Wichtigste bei der Arbeit ist die Pause, und zwar die Pause vor der Arbeit. In dieser Pause sollte man sich gründlich überlegen, wie man die Arbeit angeht."*

Mein Bruder pflegte in dieser Pause immer einen Kaffee zu trinken und eine Zigarette zu rauchen. Die Ergebnisse waren beeindruckend.

In solch einer Pause ist dieses Buch entstanden.

Die Idee zu diesem Buch hatte ich, als ich über das berühmte *Zwillingsparadoxon* nachdachte. Der Begriff *Paradoxon* bedeutet, daß eine Sache widersinnig erscheint.

Gemäß *Zwillingsparadoxon* soll es angeblich möglich sein, daß ein Zwilling in einem Raumschiff mit annähernder Lichtgeschwindigkeit ins Universum reist und nach, sagen wir 50 Jahren, kaum gealtert zurückkehrt, während sein Zwillingsbruder auf der Erde inzwischen uralt geworden ist.

Ich fragte mich natürlich, wie die meisten, wo der *Haken* an der Sache ist. Der *Haken* an der Sache ist, daß der Zwilling in dem Raumschiff keine *Zeit gewonnen* hat, so daß man von *Zeitdehnung* eigentlich nicht sprechen kann. Das verhält sich so ähnlich wie mit dem Taschengeld. Selbst wenn die Menge an Taschengeld in beiden Fällen die gleiche ist, geben die einen es noch am selben Tag aus, während die anderen einen ganzen Monat dafür brauchen. Würde sich die *Zeit (das Taschengeld) dehnen*, müßte man ja *mehr Zeit (Taschengeld)* haben. Das ist aber leider nicht der Fall. Es handelt sich beim *Zwillingsparadoxon* um die klassische Mogelpackung. Man glaubt anfangs, daß der Inhalt etwa das gleiche Volumen wie die Packung hat und ist dann enttäuscht, wenn das meiste *Luft* ist.

Trotzdem soll dieses Buch in keiner Weise die herausragenden Leistungen des Genies Albert Einsteins schmälern. Schließlich ist Einstein für den schlampigen Umgang mit dem Begriff *Zeit* nicht verantwortlich, und wenn wir heute schlauer sind, dann weil Menschen wie Albert Einstein, die mühselige und selten dankbare Pionierarbeit geleistet haben.

Die Amerikaner ermuntern dazu mit dem Ausspruch: „Build on other's work!". Einstein war seiner Zeit weit voraus, und mir ist sein Weitblick noch heute unheimlich. Er hat gründlich an den Grundmauern traditionellen Denkens gerüttelt, und sein physikalisches Verständnis für Gravitation hat die Physik Monsterschritte weiter gebracht.

Allerdings sollte man sich auf seinen Lorbeeren nicht auf ewig ausruhen. Denn auch ein Genie kann sich irren. Insbesondere, wenn wichtige Informationen für die Lösung eines Rätsels fehlen, so daß Information interpoliert, also künstlich erzeugt werden muß. Dies war um 1900 oft notwendig, weil die Raumfahrt- und Satellitentechnik noch nicht existierten.

Ein Genie kann sich von der alltäglichen Denkweise lösen und findet so eine Lösung für ein Problem, an dem sich die klügsten Köpfe der Welt den Kopf zerbrochen haben.

Diese Fähigkeit wird oft als Querdenken bezeichnet. Ein Querdenker kann ein Problem abstrahieren und auf ein anderes Gebiet anwenden. Eine Fähigkeit, die den Menschen vom Computer unterscheidet.

Wie soll man einem Computer bloß Querdenken beibringen?

Viele Witze basieren übrigens auf Querdenken.

Das erste Kapitel „*Das mathematische Paradies*", dessen Basis leider nicht mir zuzuschreiben ist, ist ein typisches Beispiel für Querdenken. Querdenken macht Spaß, denn es bringt Ab-

wechslung in eine bekannte Problematik und läßt uns das Problem aus einem neuen Blickwinkel betrachten.
Im allgemeinen ist das Gehirn des Menschen nämlich sehr genügsam. Wenn wir einmal eine Lösung für etwas haben, denken wir nicht über eine andere nach.

Das fällt einem besonders auf, wenn man eine Fremdsprache lernt, und man sich plötzlich bei bestimmten Begriffen nur noch an das Fremdwort erinnern kann. Das Hirn ersetzt nämlich einfach den alten Begriff durch den neuen. Einer reicht ja eigentlich auch aus.

Der Fachjargon vieler Spezialisten ist also oft kein böser Wille, sondern nur die Macht der Gewohnheit, Power of Habit. Gewohnheiten zu ändern ist schwierig. Sich das Rauchen abzugewöhnen ist für viele die reinste Quälerei. Der Mensch ist halt ein Gewohnheitstier, und er tut am liebsten das, was er am besten kann. Biologisch erklärt sich das dadurch, daß Dinge, die wir sehr gut können, vom Großhirn ins Kleinhirn wandern. Dort liegen nämlich alle motorischen Fähigkeiten.

Der Volksmund sagt: „Übung macht den Meister!".

Motorische Fähigkeiten, wie das Spielen auf einem Klavier, können mit einer wahnsinnigen Geschwindigkeit ausgeführt werden, da wir nicht mehr darüber nachdenken müssen.

Nachteilig ist allerdings, daß wir Dinge, die sich erst einmal im Kleinhirn festgesetzt haben, kaum wieder ins Großhirn zurückbringen können. Vertauschen Sie einem Klavierspieler mal die schwarzen und die weißen Tasten.

Eine Änderung der Gewohnheit ist immer unangenehm, auch wenn es eine Änderung zum Besseren bedeutet. Je älter Menschen sind, desto schwerer fällt es ihnen.

„Einen alten Baum verpflanzt man nicht!"

Einstein war 26 als er seine Relativitätstheorie veröffentlichte, Heisenberg 23 als er die Unschärfetheorie erdachte und Planck, der mit mir am selben Tag Geburtstag feiert, lag mit 42 gerade noch in der Toleranz, als er die Quantentheorie manifestierte. Heute ist man kaum vor 35 Doktor und findet dann keinen Job, weil man keine Berufserfahrung hat..

Jeder kennt das Musical „*My Fair Lady*"[4], in dem ein Linguistik-Professor verzweifelt versucht, einem Blumenmädchen, das Dialekt spricht, eben das abzugewöhnen und das, sobald es sich aufregt, wieder in ihre alte Art zu sprechen, zurückfällt. Hingegen ist es überhaupt kein Problem, einem kleinen Kind perfektes Sprechen beizubringen.

Wie schwierig es ist, eine angelernte Verhaltensweise selbst bei akademisch gebildeten Menschen zu ändern, soll folgendes Beispiel aus der Medizin zeigen:

Vielen Menschen mit Magengeschwüren redet man ein, sie hätten einen Streßmagen, weil sich immer noch viele Mediziner nicht vorstellen können, daß Bakterien in der Salzsäure des Magens überleben können.

Sogar der Selbstversuch eines australischen Arztes, der sich mit Bakterien infizierte, worauf er unverzüglich ein Magengeschwür bekam, das er wiederum mit Antibiotika erfolgreich kurierte, kann viele Ärzte der alten Garde nicht überzeugen.

Was Hänschen nicht lernt, lernt Hans nimmer mehr!

Wahrscheinlich müssen wir eine vollständige Ärzte-Generation warten, bis die Behandlung von Magengeschwüren mit Antibiotika Normalität geworden ist.
Zu unserem Gehirn gehört auch das Rückenmark, das als Verlängerung unseres Gehirns angesehen werden kann, und über

---

[4] Meine schöne Frau

das unsere Reflexe gesteuert werden, die schneller als alles andere, was wir sonst können, funktionieren.
Außerdem kontrolliert es lebenswichtige Funktionen, wie die Atmung und den Herzschlag. Aber auch der Brechreiz wird vom Rückenmark gesteuert. Er ist deshalb nicht zu unterdrücken, wie die meisten wahrscheinlich schon festgestellt haben.

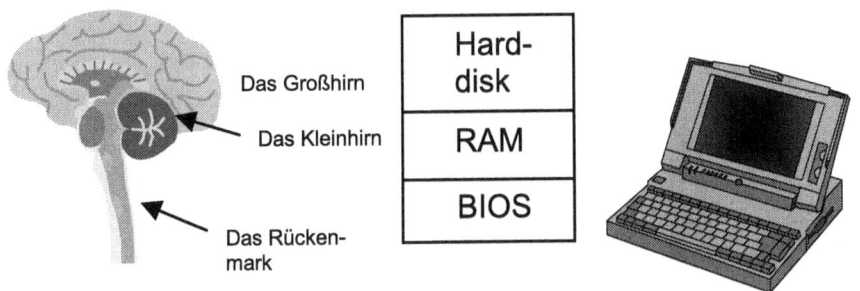

Bild: Das menschliche Gehirn besteht aus 3 Teilen, dem Großhirn, dem Kleinhirn und dem Rückenmark. Ein Computer ist ähnlich aufgebaut und besteht aus BIOS, RAM und Harddisk

Deshalb müssen Sie sich beim Schlafen auch nicht darum sorgen, das Atmen zu vergessen. Man fängt im Schlafen sogar zu Husten an, wenn Speichel in die Luftröhre gelangt.

Ein Computer ist ähnlich aufgebaut.

Das BIOS (Basic Input Output System) ist für die grundsätzlichen Funktionen eines Computers, wie das Starten (Booten), vorgesehen. Hierbei handelt es sich um festverdrahtete Logik. Auf seine Festplatte (Harddisk) können beliebige Programme gespeichert und gegebenenfalls in seinen Hauptspeicher (RAM) geladen und ausgeführt werden. Programme, die im Hauptspeicher geladen sind, können mit einer wahnsinnigen Geschwindigkeit ausgeführt werden.

Jedem ist es schon so gegangen, daß man sich an etwas erinnern wollte, von dem man genau wußte, daß man es weiß, wie einen Namen oder eine Telefonnummer.

Man sagt dann, es liege einem auf der Zunge. Mir geht es oft so, daß ich mich erst viel später erinnere.

Das Unterbewußtsein scheint solange auf der Festplatte zu kramen, bis es die Information gefunden hat. Unter Hypnose ist es möglich, sich an Dinge zu erinnern, von denen man gar nicht annimmt, daß man sie weiß. Meistens sind es unerfreuliche Erinnerungen, die wir aus unserem Bewußtsein komplett verdrängt haben.

Bei niederen Tieren, wie den Fischen, ist im Gegensatz zu höheren Lebewesen das Kleinhirn fast größer als das Großhirn. Deshalb kann man mit Haifischen keine gute Freundschaft entwickeln. Ihr Leben wird praktisch nur durch Instinkte und Reflexe gesteuert.

Sie haben einfach zu wenig Gehirnmasse!

Bei Delphinen ist das anders, denn sie sind in Wirklichkeit wieder ins Wasser zurückgekehrte Säugetiere mit sehr großem Großhirn. Der Vergleich zwischen den lustigen Delphinen und dem grimmigen Hai gefällt mir sehr gut, um zu demonstrieren, wie das Leben eines intelligenten zu dem eines nur durch Instinkte gesteuerten Lebewesens ist. Delphine verbringen nur etwa 10% ihrer Zeit mit der lästigen Futtersuche. Ihr Teamwork macht sie zu extrem erfolgreichen Jägern.

Den Rest ihrer Zeit verbringen sie mit Spielen. Einige Arten üben sogar im Team die Verteidigung gegen Haiangriffe. Das Gerücht, daß wilde Delphine auch schon Menschen vor dem Ertrinken gerettet haben, stimmt übrigens. Irgendwie empfinden sie wohl eine Seelenverwandtschaft zum Menschen.

Der Hai ist dagegen immer auf der Jagd. Nur wenn eine Haifischdame Nachwuchs hat, empfindet sie, glücklicherweise für die kleinen Haie, keinen Appetit. Können Sie sich vorstellen, daß ein Hai aus Gram über den Tod seines Jungen stirbt?

Bild: Ein Hai denkt nicht viel über sein Leben nach. Trotzdem ist er seit Millionen von Jahren ein erfolgreicher Jäger.

Haie sind seit Millionen Jahren hochentwickelte Jäger, aber richtig intelligent sind sie bestimmt nicht!

Emotionen und gefühlsmäßige Bindung, wie die eigentlich unerklärliche Liebe, haben sich mit dem Großhirn nur bei höher entwickelten Lebewesen herausgebildet und sich als hervorragendes Merkmal für die Arterhaltung bewährt.

Sie sind Motor für unser Tun und unseren Erfolg. Die Lust auf Leistung entsteht durch Emotionen. Emotionen und Intelligenz sind untrennbar und verbinden sich zur *emotionalen Intelligenz*.

Gefühle sind maßgeblich an unseren Entscheidungen beteiligt, auch bei stark rational denkenden Menschen.

Fazit
Wer in den Fußstapfen anderer geht, hinterläßt selbst keine!

Relativistische Effekte

Einsteins Relativitätstheorie teilt sich in die *Spezielle* (1905) und die *Allgemeine Relativitätstheorie* (1916) auf. Während die *Spezielle Relativitätstheorie* wenigstens punktuell experimentell bestätigt ist, ist die *Allgemeine Relativitätstheorie* noch nicht vollständig gesichert. In großen Forschungsprojekten wird zur Zeit nach den von Einstein vorausgesagten Gravitationswellen gesucht.

Einstein baute seine Theorie auf 2 fundamentale Postulate auf:

1. *Die Gesetze der Physik sind gleich, unabhängig davon, welche Geschwindigkeit der Beobachter hat.*

2. *Die Lichtgeschwindigkeit ist konstant und unabhängig von der Geschwindigkeit der Lichtquelle.*

Hat man eins der beiden Postulate widerlegt, so ist die ganze Relativitätstheorie widerlegt.

Die Postulate scheinen auf den ersten Blick recht vernünftig, wüßte man nicht genau, daß mit wachsender Geschwindigkeit die Masse eines Körpers und damit seine Trägheit wächst. Das hatte bereits 1901 Walter Kaufmann bei Experimenten mit Elektronen entdeckt. Die folgende Theorie muß also diesen Massenzuwachs irgendwie kompensieren, um die physikalische Gleichwertigkeit der Systeme zu sichern.

Einstein nannte den ersten Teil seiner Theorie *speziell*, weil sie nur für Systeme, sogenannte *Inertialsysteme*, gilt, die sich geradlinig mit konstanter Geschwindigkeit, also unbeschleunigt, zueinander bewegen. Der Begriff *„inertial"* bedeute *„träge"* und weist darauf hin, daß die Systeme eine unterschiedliche Trägheit besitzen. In der englischen Übersetzung nennt man die Systeme *„Inertial Frames of Reference"*.

Diese Systeme sollen physikalisch gleichwertig sein, frei nach dem Motto „*Emanzipation für alle Inertialsysteme*". Jeder Beobachter, egal ob lokal oder außenstehend, soll für die Lichtgeschwindigkeit denselben Wert messen.

Im Universum gibt es solche *Inertialsysteme* allerdings nicht, da sich alles zu drehen scheint, und eine **Drehbewegung immer eine beschleunigte Bewegung** zum Mittelpunkt darstellt. Unsere Galaxie, zum Beispiel, ist ein rotierender Spiralnebel. Messungen, die Effekte der *Speziellen Relativitätstheorie* nachweisen sollen, sind deshalb prinzipiell fehlerhaft.

Die Relativitätstheorie löst die paradoxe Frage: „Wie ist es möglich, daß ein Lichtstrahl in einem Zug, der sich schon mit einer Geschwindigkeit bewegt, trotzdem für einen außenstehenden Beobachter nur Lichtgeschwindigkeit besitzt?"

Man könnte prinzipiell erwarten, daß sich die Geschwindigkeit des Zuges und die Geschwindigkeit des Lichts für einen außenstehenden Beobachter addieren, so, wie wenn man sich auf einer Rolltreppe zusätzlich bewegt.

Eigentlich ist die Unabhängigkeit der Ausbreitungsgeschwindigkeit einer Welle von der Geschwindigkeit ihrer Quelle vom Schall her bekannt, so daß es sogar vorkommen kann, daß ein Flugzeug seinem eigenen Schall davonfliegt. Der zweite Weltkrieg erteilte vielen Menschen diese Lektion. Die Flugzeugjäger erschienen, bevor man sie hören konnte.

Trotzdem hielt es Einstein für notwendig, hierfür eine besondere Betrachtung aufzustellen, denn Licht breitet sich auch im *Nichts* aus. Eine Welle benötigt jedoch ein Ausbreitungsmedium.

Einstein gab für die Addition der Geschwindigkeiten im Gegensatz zur klassischen Betrachtung $v_{gesamt} = v_1 + v_2$ deshalb folgende Formel an:

$$V_{gesamt} = \frac{V_{System} + V_{Teilchen}}{1 + \dfrac{V_{System} V_{Teilchen}}{c^2}}$$

V_{gesamt}	Gesamtgeschwindigkeit
V_{system}	Geschwindigkeit des bewegten Systems
$V_{Teilchen}$	Geschwindigkeit eines Teilchens
c	Lichtgeschwindigkeit

Aus der Formel kann man leicht erkennen, daß die Gesamtgeschwindigkeit eines Systems nie größer als Lichtgeschwindigkeit werden kann. Man muß nur für die Werte V_{System} und $V_{Teilchen}$, den Wert c einsetzen. Außerdem soll die Relativgeschwindigkeit zwischen zwei Inertialsystemen maximal Lichtgeschwindigkeit betragen können.

Zum Verdauen: „Fliegen 2 Inertialsysteme mit 90% Lichtgeschwindigkeit voneinander weg, beträgt ihre Relativgeschwindigkeit weniger als Lichtgeschwindigkeit. Fliegen sie aufeinander zu, gilt das gleiche.

Kaum zu glauben!

Einstein war mit seinen Einschränkungen, die er in der Speziellen Relativitätstheorie gemacht hatte, nicht zufrieden und erweiterte deshalb seine Theorie rund 10 Jahre später, indem er postulierte, daß die Relativitätstheorie auch für Systeme gelten müsse, die sich beliebig zueinander bewegen und konnte dies auch mathematisch formulieren. Er postulierte, daß die Materie durch ihre Gravitation Raum und Zeit verändern müsse, wendete seine Theorie auf das Universum an und erschuf den Begriff der Raum-Zeit.

Für die Relativitätstheorie gilt: "Übertreibung macht anschaulich!". Effekte treten erst bei sehr hohen Geschwindigkeiten auf. Ab 87% Lichtgeschwindigkeit verdoppelt sich die Dauer von Vorgängen. Obwohl man in modernen Beschleunigern wie bei DESY in Hamburg oder CERN bei Genf Elektronen auf annähernde Lichtgeschwindigkeit bringen kann, sind reale Raumschiffe weit langsamer.

Die Marssonde *Path Finder* flog 1996 zum Beispiel bei einem Gewicht von 264 kg mit einer Geschwindigkeit von 22.000 km/h (6,111 km/s) zum Mars. Das entspricht 0,002% Lichtgeschwindigkeit. Damit wird klar, warum es so schwierig ist, die Effekte der Relativitätstheorie nachzuweisen. Man hat deshalb in der Vergangenheit versucht, punktuell Aussagen der Relativitätstheorie nachzuweisen. Einer der wichtigsten Beweise ist der Einfluß der Schwerkraft auf Licht. Bei Sonnenfinsternissen kann man am Stand von Sternen feststellen, daß das Licht durch die Sonne gebeugt wird.

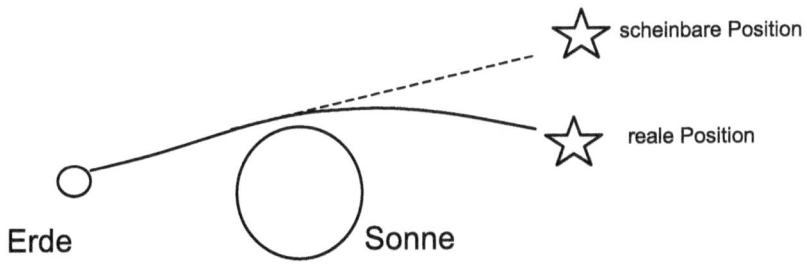

Bild: Ablenkung eines Lichtstrahls durch die Sonne, stark übertrieben dargestellt

1919 wurde dies bei einer Sonnenfinsternis offiziell bestätigt und als Beweis für die Wirkung der Schwerkraft auf Licht akzeptiert. Tatsächlich war die Messung nicht korrekt durchgeführt worden, sie wurde aber später erfolgreich wiederholt. Bei der Abweichung handelte es sich um eine Winzigkeit von 0,00049 Grad.

Der Effekt ist auch mittlerweile in der Astronomie als Gravitationslinse bekannt und wird zur Entdeckung von erdgroßen Planeten in anderen Sonnensystemen verwendet. Allerdings könnte das Licht auch durch andere Effekte gebeugt werden. Schließlich ist die Sonne von einem ständigen Partikelstrom, dem Sonnenwind, umgeben, der sogar den Schweif eines Kometen von sich wegdrücken kann.

Schwarze Löcher sollen Licht so stark beugen, daß kein Licht von ihnen entweichen kann. Dieser Beweis hat aber durch die Entdeckung der Hawking-Strahlung Schaden erlitten.

Anhand von Doppelsternen, die sich mit hoher Geschwindigkeit gleichzeitig vom Teleskop weg und zu ihm hinbewegen, hat man bewiesen, daß die Geschwindigkeit von Licht auch bei bewegter Lichtquelle konstant bleibt, was allerdings auch gemäß klassischer Physik nicht anders zu erwarten ist.

Elektronen werden mit wachsender Geschwindigkeit nachweislich schwerer, und Atomkerne verlieren bei Kernfusionen an Masse.

Ein weitere Beweis für die Zeitdilatation ist, daß Mesonen bei hoher Geschwindigkeit langsamer zerfallen als ruhende. Bekannte Physiker, wie Briane Greene, der das Buch *„Das elegante Universum"* geschrieben hat, meinen von der Lebenszeit eines Elementarteilchens, direkt auf die Lebenszeit eines Menschen schließen zu können. Lesern, die an einer differenzierteren Betrachtung der Lebenszeit des Menschen interessiert sind, empfehle ich die Kapitel *„Die Dehnung der Lebenszeit"* und *„Die Lebenszeit eines Glühbirnchens"* dieses Buches.

Dennoch, über Atomuhrmessungen in Jets oder auf Bergen wurde meßtechnisch nachgewiesen, daß dort die Uhren langsamer bzw. schneller laufen. Viele Physiker setzen, wie selbstverständlich, den Gang einer Uhr mit der Zeit gleich. Diesen Lesern empfehle ich das Kapitel *„Zeit- Die vierte Dimension"* und die darauffolgenden Kapitel.

Und auch die merkwürdige Laufbahn des Merkurs kann mit großer Genauigkeit über die von Einstein dargelegte Raumkrümmung beschrieben werden.

Für die angebliche Längenkontraktion habe ich noch von keinem Beweis gelesen. Gemäß „Spezieller Relativitätstheorie" müssen nämlich alle Längen in Bewegungsrichtung um denselben Faktor gestaucht sein, um den die Zeit gedehnt ist.

Die Längenkontraktion, die ein Raumschiff bei 87% Lichtgeschwindigkeit auf die Hälfte zusammenstauchen soll, damit alles physikalisch gleichwertig bleibt, ist für mich nicht vorstellbar. Die hierzu notwendige Kraft wäre enorm und das Material soll das ohne Schaden mitmachen?

Stellen Sie sich einen rotierenden Körper in den Raumschiff vor. Er würde sich ständig extrem stark zusammenziehen und wieder auseinander dehnen müssen, ohne das hierfür zusätzlich Energie aufgewendet wird.

In seinen letzten vierzig Lebensjahren versuchte Einstein die Relativitätstheorie mit der elektromagnetischen Feldtheorie zu vereinigen, um somit Phänomene im Mikro- und Makrobereich einheitlich beschreiben zu können.

Die Gleichungen, die der Bewegung der Erde um die Sonne genügen, sollten auch die Bewegung eines Elektrons um den Atomkern beschreiben. Am 18. April 1955 starb Einstein im Alter von 76 Jahren. Auf seinem Nachttisch lagen Papiere mit seinen letzten Berechnungen.

Einstein dachte, er sei fast am Ende allen Wissens angelangt. Tatsächlich hatte er gerade die Tür zu einer neuen Dimension allen Wissens aufgestoßen.

Fazit
Die *Relativitätstheorie* behauptet, Inertialsysteme sind physikalisch gleichwertig.

Quanten-Phänomene

Anfang des 20. Jahrhunderts entdeckte Max Planck, daß strahlende Körper Energie nicht kontinuierlich abstrahlen, sondern portionsweise, als sogenannte Energiequanten. Dies war eine revolutionäre Entdeckung, weil sie den Gesetzen der klassischen Physik widersprach und die Geburtsstunde der Quantentheorie.

Und das, nachdem man ihm im Alter von 16 Jahren versucht hatte, den Wind aus den Segeln zu nehmen, indem man ihm offenbarte, alle Rätsel der Physik seien gelöst, und er solle besser etwas anderes studieren.

Die Welt der Quanten wandelte von nun unsere Vorstellung über den inneren Aufbau des Atoms. Schlag auf Schlag wurden ab diesem Zeitpunkt für weitere quantentheoretische Entdeckungen Nobelpreise vergeben. Auch Einstein, der größte Kritiker der Quantentheorie und der Atombombe, bekam einen, denn er hatte mit seiner Theorie über Lichtquanten der Quantentheorie letztendlich zum Durchbruch verholfen. Man scherzte: „Er hat die Quantentheorie ja verstanden, er mag sie nur nicht!".

Das Weltbild war von nun an nicht mehr kontinuierlich, sondern sprunghaft und außerdem schien sich die Theorie in der Praxis sehr gut zu bewähren. Bis heute wurde für Einsteins „revolutionäre Arbeiten" *Spezielle und Allgemeine Relativitätstheorie* kein Nobelpreis vergeben.

Warum eigentlich nicht?

Max Planck verstand die Relativitätstheorie, trotz ihres revolutionären Ansatzes, als den Höhepunkt der klassischen Physik und gab ihr damit kühl lächelnd *den Todeskuß*.

Jahr	Nobelpreisträger	Leistung
1918	Max Planck	Begründer der Quantentheorie
1921	Albert Einstein	Lichtquantenhypothese
1922	Niels Bohr	Quantentheoretisches Atommodell
1923	Robert Andrews Millikan	Messung der Elementarladung des Elektrons
1925	James Franck / Gustav Hertz	Arbeiten über Atom- und Quantentheorie
1926	Jean B. Perrin	Arbeiten über die diskontinuierliche Struktur der Materie
1927	Arthur Compton / Charles T. R. Wilson	Totalreflexion und Beugung an optischen Gittern / Nachweis des Rückstoßelektrons beim Compton-Effekt
1929	Louis de Broglie	Forschung über Wellenmechanik
1932	Werner Heisenberg	Unschärfetheorie
1933	Paul Dirac / Erwin Schrödinger	Arbeiten über Quantentheorie und Wellenmechanik
1935	James Chadwick	Entdeckung des Neutrons
1936	Carl D. Anderson / Victor F. Heß	Für die Entdeckung des Positrons/ Entdeckung der kosmischen Strahlung
1937	Clinton J. Davisson / Sir George P. Thomson	Nachweis der Elektronenbeugung / Experimenteller Beweis für die Wellennatur der Materie
1938	Enrico Fermi	Entdeckung der Kernumwandlung durch Bestrahlung mit Neutronen
1943	Otto Stern	Molekularstrahlen, magnetische Eigenschaften der Atomkerne
1944	Isidor Rabi	Arbeiten über magnetische Eigenschaften der Atomkerne
1945	Wolfgang Pauli	quantenphysikalisches Pauli-Prinzip
1949	Hideki Yukawa	Vorhersage der Existenz der Mesonen
1954	Max Born / Walther Bothe	Arbeiten über Quantentheorie
1972	John Bardeen / L. N. Cooper / J. R. Schrieffer	Theorie der Supraleitung
1985	Klaus v. Klitzing	Entdeckung des Quanten-Hall-Effekts
1987	Karl Alex Müller / Johannes Georg Bednorz	Hochtemperatur-Supraleiter
1990	Jerome I. Friedman / Henry W. Kendall / Richard E. Taylor	Unelastische Streuung von Elektronen an Protonen und gebundenen Neutronen, Entwicklung des Quarksmodells
1991	Pierre-Gilles de Gennes	Theoretische Beschreibung der Ordnungsprozessen von Flüssigkristallen, Polymeren, Magneten und Supraleitern
1992	Georges Charpak	Erfindung von Detektoren zum Nachweis seltener Wechselwirkungen von elementaren Teilchen
1995	Martin L. Perl / Frederick Reines	Entdeckung des Tauons / Nachweis des Neutrinos

Tabelle: Beispielhafte Nobelpreise der Quantentheorie

Einen Zeitungsartikel „Hundert Autoren gegen Einstein" kommentierte Einstein trocken: *„Wenn Sie recht hätten, würde einer genügen."*

Klassische physikalische Modelle wurden aus einem neuen Blinkwinkel gesehen und verstanden. Trotzdem gibt es auch heute noch viele Effekte in der Natur, für die wir keine Erklärung haben.

Kugelblitze zum Beispiel bestehen aus bis zu handballgroßen Kugeln, die wie Bomben explodieren können. Sie sollen aus energiereichen Partikeln, sogenanntes Plasma, bestehen. Plasma ist sozusagen der vierte Aggregatzustand, nach fest, flüssig und gasförmig.

Obwohl es für Kugelblitze keine echte Erklärung gibt, haben einige Wissenschaftler Theorien über Kugelblitze entwickelt. Die Theorien basieren auf den Merkwürdigkeiten, die Kugelblitze umgeben. So schweben sie gegen den Wind etwa 1 m über dem Erdboden und durchwandern Glas ohne jeden sichtbaren Schaden.

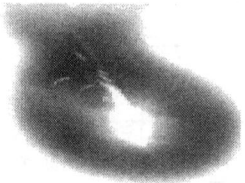

Bild: Kugelblitz

Mit einem Effekt oder Phänomen hat man oft vorher nicht gerechnet, und sie sind oft der Auslöser für eine wissenschaftliche Revolution. Im Fall der Relativitätstheorie war es der Photoeffekt, den sich niemand erklären konnte. Einstein lieferte die passende Erklärung.

Ein bekannter Effekt in der Elektrotechnik ist die Supraleitung. Bei über 20 Metallen und einigen Legierungen kann man Supraleitung feststellen, wenn die Temperatur stark gesenkt wird.

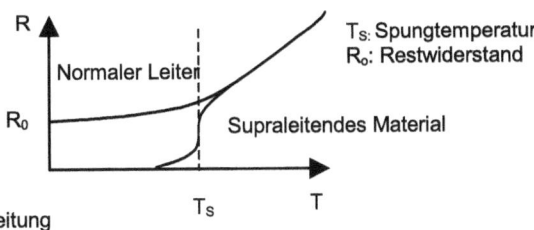

Bild: Supraleitung

Supraleitung bezeichnet den Effekt des sprunghaften Verschwindens des elektrischen Widerstands unterhalb einer bestimmten Temperatur und wurde 1957 erstmals quantentheoretisch erklärt. Dieser Effekt hatte zu ähnlichen Phantasien bei den Menschen geführt wie die Relativitätstheorie. Die Phantasien wurden durch Experimente jedoch bald zerschlagen, weil die Supraleitung bei Erreichen einer bestimmten kritischen Temperatur bzw. einer bestimmten magnetischen Feldstärke zusammenbricht.

Wissenschaftler versuchen mit allen Mitteln herauszubekommen, welcher Effekt auftritt, wenn Masse-Teilchen auf Lichtgeschwindigkeit beschleunigt werden. Denn das ist gemäß Relativitätstheorie ja nicht möglich. Einige Wissenschaftler glauben, daß solche Teilchen über einen Zeitsprung in die Vergangenheit reisen, also einfach verschwinden könnten. Vielleicht zerstrahlen sie auch einfach zu Licht, also reiner Energie. Für die Erforschung dieser Fragen werden Milliarden investiert.

Ihre Milliarden!

Fazit
Phänomene sind oft Auslöser für wissenschaftliche Revolutionen!

Licht ist reine Energie

Energie kann nicht vernichtet, sondern nur von einer Form in eine andere umgewandelt werden. Dieses ist den meisten als Energieerhaltungssatz bekannt.

Energie ist gespeicherte Arbeit und kommt in den unterschiedlichsten Formen vor:

Die kinetische Energie (Bewegungsenergie) entspricht der Arbeit, die geleistet wurde, um einen Körper auf eine bestimmte Geschwindigkeit zu beschleunigen.

Die potenzielle Energie entspricht der Arbeit, die verrichtet wurde, um einen Körper auf eine bestimmte Höhe zu bringen.

Die Wärmeenergie ist eine spezielle Form der kinetischen Energie und entspricht der Energie, die als Brownsche Molekülbewegung gespeichert ist.

Die chemische Energie entspricht der Arbeit, die aufgewendet werden muß, um eine chemische Verbindung zu trennen.

Die Strahlungsenergie, um die es in diesem Kapitel geht, ist die Energie, die durch eine elektromagnetische Welle transportiert wird. Je kürzer die Wellenlänge, desto höher die Frequenz und die Energie.

Schon im 17. Jahrhundert gelang es Ole Römer, die Lichtgeschwindigkeit mit 75% Genauigkeit zu bestimmen. Er hatte entdeckt, daß die Zeiten für die Verfinsterung der Jupitermonde, abhängig von der Jahreszeit um 15 Minuten verschoben war. War die Erde am weitesten vom Jupiter entfernt, dann erschienen die Monde später, weil der Abstand zwischen Jupiter und Erde größer geworden war. Ole Römer berechnete die Lichtgeschwindigkeit mit 227.000 km, was für die damalige Zeit eine erstaunliche Leistung war.

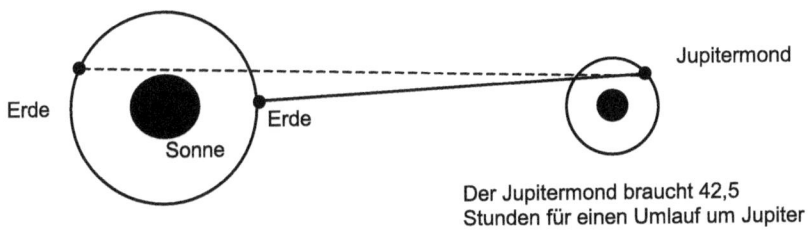

Bild: Messung der Lichtgeschwindigkeit im 17. Jahrhundert

Das war ein Beweis für die Tatsache, daß Licht eine endliche Geschwindigkeit besitzt. Licht entsteht, wenn ein Körper erhitzt wird. Leuchterscheinungen, die nicht durch Temperatur verursacht werden, nennt man Lumineszenz.

Um die Entstehung von Licht zu verstehen, benötigt man etwas Atomphysik. Ein Atom besteht aus der Elektronenhülle und einem viel kleineren Atomkern.

Die Elektronenbahnen der Elektronenhülle werden mit je 8 Elektronen besetzt. Die [5]erste Bahn, allerdings, kann nur 2 Elektronen aufnehmen.

Sobald eine Bahn voll besetzt ist, wird die nächste Bahn mit Elektronen besetzt. Besitzt ein Atom eine voll besetzte Außenhülle, so ist es edel, und damit sehr reaktionsarm.

Um eine vollbesetzte Außenschale zu bekommen, schrecken Atome auch nicht vor Allianzen mit anderen, womöglich fremdartigen Atomen zurück. Nichtmetallische Verbindungen nennt man Moleküle. H_2O, also ordinäres Wasser, ist eine typische nicht metallische Molekül-Verbindung. 2 Wasserstoffatome, die je gern ein zusätzliches Elektron haben möchten, um ihre Au-

---

[5] Nur Gott weiß warum, aber Gott petzt nicht!

ßenschale voll zu bekommen, verbinden sich mit einem Sauerstoffatom, das noch 2 Außenelektronen zum Glück braucht.

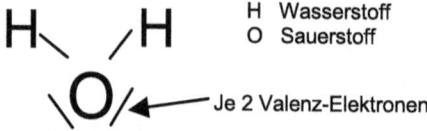

Bild: Ein Wassermolekül (H₂O)

Die Elektronen der Außenschale nennt man auch Valenzen. Das chemische Verhalten eines Atoms wird maßgeblich durch seine Außenelektronen bestimmt. Metalle verhalten sich chemisch sehr ähnlich, weil ihre Anzahl der Außenelektronen nahezu gleich ist. Letztendlich strebt jedes Atom den Edelzustand an. Darauf basiert die ganze Chemie.

Alle Atome möchten gerne eine vollbesetzte Außenschale, sei es durch Abgabe oder Aufnahme von Elektronen oder auch durch Teilen von Elektronen!

- Ein Helium-Atom besitzt einen Atomkern mit 2 Protonen und 2 Außenelektronen.

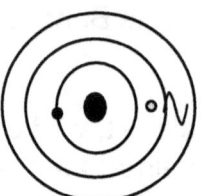

Für die Elektronen sind nur bestimmte Bahnen erlaubt.

Bild: Elektronen strahlen Energie in Form von Licht ab, wenn sie von einer Außenbahn auf eine Innenbahn wechseln. Im umgekehrten Fall nehmen sie Energie auf.

Licht entsteht, wenn Elektronen von energiereicheren Außenbahnen auf energieärmere Innenbahnen wechseln!

Wenn ein Elektron umgekehrt Energie über Lichteinstrahlung aufnimmt, wechselt es von der energieärmeren Innenbahn auf die energiereichere Außenbahn.

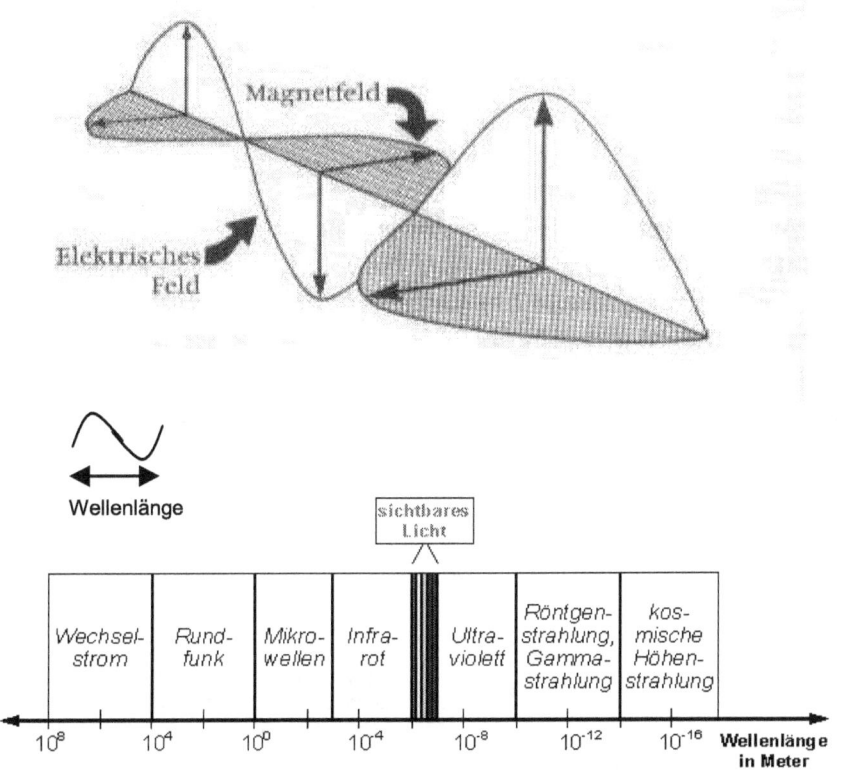

Bild: Die elektromagnetische Welle und ihr Frequenzbereich

Licht ist eine elektromagnetische Welle, die sich mit einer Geschwindigkeit von fast 300.000 km/sec im Vakuum ausbreitet.

Diese Ausbreitungsgeschwindigkeit gilt aber nicht nur für das sichtbare Licht, sondern generell für alle elektromagnetischen Wellen, wie zum Beispiel Radiowellen.

Elektromagnetische Wellen benötigen **angeblich** kein Ausbreitungsmedium. Ihr Magnetfeld schwingt senkrecht zu ihrem elektrischen Feld auch im leeren Raum. Für die Ausbreitung elektromagnetischer Wellen im Vakuum gilt, daß die Wellenlänge mit der Frequenz über die Lichtgeschwindigkeit verknüpft ist. Das liegt einfach daran, weil Geschwindigkeit nun mal der

Quotient aus Weg und Zeit ist. Die Wellenlänge ist hierbei der Weg und die Frequenz der Kehrwert der Zeit.

$$c = f \lambda$$

c	Lichtgeschwindigkeit
λ	Wellenlänge
f	Frequenz

Alle Wellenlängen einer elektromagnetischen Welle erreichen im Vakuum die gleiche Geschwindigkeit. In Materie haben elektromagnetische Wellen jedoch frequenzabhängig verschiedene Geschwindigkeiten und damit unterschiedliche Wellenlängen. Diesen Effekt bezeichnet man in der Nachrichtentechnik als Gruppenlaufzeit und in der Optik als Dispersion.

Mit der Vorstellung, daß Licht eine elektromagnetische Welle ist, hatte man jedoch Probleme, den Compton-Effekt und den fotoelektrischen Effekt zu erklären.

Das Photon erfährt nach dem Zusammenprall eine Frequenzänderung, weil Energie vom Photon auf das Elektron übertragen wurde.

Das Elektron wird nach dem Zusammenprall aus seiner ursprünglichen Richtung abgelenkt.

Bild: Zusammenprall eines Elektrons mit einem Photon (Compton-Effekt)

Nachdem der deutsche Physiker Max Planck im Jahre 1900 seine Theorie, nach der Energie nur in bestimmten Mengen, sogenannten Energiequanten, abgestrahlt und aufgenommen werden kann, veröffentlicht hatte, erklärte Einstein den fotoelektrischen Effekt über die eigentlich viel einfachere Modellvorstellung, daß Licht aus Teilchen, sogenannten Photonen, bestehen müßte. Eine Vorstellung, die bereits Newton vertreten hatte. Ein Photon besitzt demnach nur Bewegungsenergie. Es hat keine Ruhemasse. Denn Teilchen mit einer Ruhemasse können keine Lichtgeschwindigkeit erreichen.

Der Compton-Effekt erklärt den Impuls, den ein Lichtteilchen (Photon) auf ein Elektron ausübt. Die Impulsänderung des Photons zeigt sich in seiner Frequenzänderung.

Beim Foto-Effekt stellte man fest, daß Elektronen sich nur durch Licht, das eine bestimmte maximal Wellenlänge nicht überschreitet, herauslösen lassen. Auch eine drastische Erhöhung der Lichtmenge (Anzahl der Photonen) kann die Elektronen nicht herauslösen, wenn die maximale Wellenlänge überschritten ist.

Denn Licht wirkt auf Elektronen in Wellenpaketen, sogenannten Lichtquanten. Die Dauer, in der die Energie vom Photon auf das Elektron übertragen wird, scheint für das Herauslösen entscheidend zu sein.

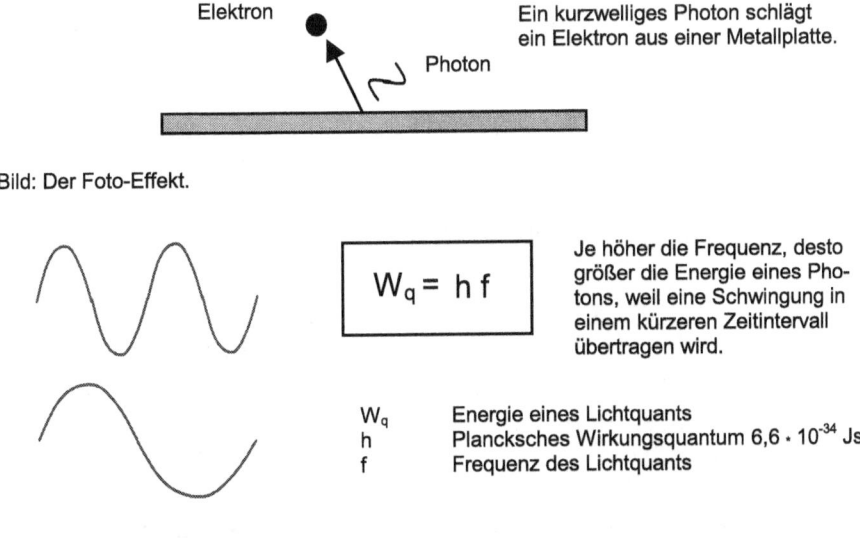

Bild: Der Foto-Effekt.

$W_q = h\,f$

Je höher die Frequenz, desto größer die Energie eines Photons, weil eine Schwingung in einem kürzeren Zeitintervall übertragen wird.

W_q Energie eines Lichtquants
h Plancksches Wirkungsquantum $6{,}6 \cdot 10^{-34}$ Js
f Frequenz des Lichtquants

Bild: Wellenpakete verschiedener Frequenz

Die in einem Wellenpaket transportierte Energie ist umso größer, je größer die Amplitude des elektrischen und des magnetischen Feldes und seine Frequenz ist, weil bei höheren Frequenzen dasselbe Signal in einem kürzeren Zeitintervall übertragen wird.

Stößt ein Photon mit einem Elektron zusammen, so bleibt von dem Photon nichts übrig. Seine gesamte Energie wird in Auslösearbeit und Bewegungsenergie umgewandelt.

Den Wellenpaketen kann eine Masse zugeschrieben werden. Die Masse eines solchen Lichtteilchens, gab er über die folgende Formel an:

$$m_q = \frac{h\,f}{c^2}$$

m_q Masse eines Photons
h Plancksches Wirkungsquantum
c Lichtgeschwindigkeit
f Frequenz des Lichtquants

Die Masse ist aber, wie zum Beispiel die Ladung eines Elektrons, nicht quantisierbar und stellt deshalb die Quantentheorie vor ein Rätsel. Denn gemäß angegebener Formeln läßt sich über die Frequenz stufenlos sowohl für die Energie als auch für die Masse jeder Wert einstellen. Eine analoge, also klassische Eigenschaft in der digitalen Welt der Quantentheorie tut weh, sehr weh.

Die Frage ist letztendlich, wodurch entsteht Masse?

Das Massenproblem wird oft als Hauptproblem der Teilchenphysik angesehen. Seit nunmehr über 30 Jahren sucht man in Großprojekten nach dem sogenannten Higgs-Boson[6], das in der Quantentheorie gebraucht wird, um die Entstehung von Masse zu erklären.

Ist das Higgs-Boson ein Phantom oder Wirklichkeit?

Über die Postulierung **einer fünften Kraft** in Form eines Higgs-Feldes möchte man die Quantentheorie abrunden. Das Higgs-

---

[6] Der Physiker Peter Higgs erklärt die Entstehung von Masse über ein Boson, das experimentell noch nicht nachgewiesen werden konnte.

Feld erfordert einen nicht leeren Raum, auf den ich im Kapitel *„Die Äthertheorie"* noch eingehen werde. Warum haben Elementarteilchen eine so stark unterschiedliche Masse, die auch noch abhängig von der Geschwindigkeit des Teilchens ist?

Gerne würde man die Masse irgendwie mathematisch ableiten, am liebsten quantisiert natürlich. Eigentlich können wir nicht mal die Masse eines Elektrons direkt messen. Was tatsächlich gemessen wird, ist das Verhältnis von Ladung zur Masse.

Die Masse eines Lichtteilchens, jedenfalls, ist abhängig von dessen Frequenz. Bei der Frequenz Null besitzt das Lichtteilchen keine Masse. Ab der Frequenz 10^{20} Hz (Gammastrahlung) werden Photonen sogar schwerer als Elektronen.

Der Impuls[7] eines Photons beträgt demnach:

$$p_q = \frac{h\,f}{c}$$

p_q	Impuls eines Photons
h	Plancksches Wirkungsquantum
c	Lichtgeschwindigkeit
f	Frequenz des Lichtquants

Über seine berühmte Formel

$$E = m\,c^2$$

baute Einstein eine Brücke zwischen dem materielosen Licht und Materie, da beides eine bestimmbare Masse besitzt. Licht ist sozusagen eine Art extrem verdünnte Form von Materie! Es gibt auf der anderen Seite eine Menge Effekte, die sich nur erklären lassen, wenn man Licht als elektromagnetische Welle begreift. Deshalb spricht man von dem Dualismus des Lichts.

---

[7] Der Impuls ist das Produkt aus Masse und Geschwindigkeit (m v).

Kann Licht zugleich elektromagnetische Welle und Teilchen sein? Eigentlich nicht.

Denn beide Modellvorstellung widersprechen sich. Ein Widerspruch, der auch Albert Einstein schlaflose Nächte bereitete. Der materielose Transport von Energie ist zweifellos faszinierend. Es fällt schwer, sich eine materielose elektromagnetische Welle, die sich im Vakuum des Universum ausbreitet, vorzustellen. Einige Wissenschaftler glauben deshalb, das Universum sei von einem Äther erfüllt, der ein lichttragendes Medium darstellt.

Nach Einstein könnte man sich elektromagnetische Wellen als Teilchenstrom mit einer von der Frequenz abhängigen Masse vorstellen.

Licht braucht keine Zeit, um auf Lichtgeschwindigkeit zu beschleunigen, wie man es von Teilchen gewohnt ist. Es wird auch nicht allmählich langsamer, wenn es ihn Glas eindringt, sondern bremst abrupt von 300.000 km /sec auf 200.000 km /sec ab.

Das Teilchenmodell des Lichts begründet sich auf Effekte zwischen Elektronen und Photonen. Ist vielleicht unser Modell von Elektronen falsch?

Wenn man Licht als Teilchen verstehen kann, müßte man auch Teilchen als Welle auffassen können. Und tatsächlich konnte De-Broglie zeigen, daß Elektronen auch als Materiewelle zu verstehen sind. Ihre Wellenlänge beträgt:

$$\lambda = \frac{h}{mv}$$

λ	Wellenlänge
h	Plancksches Wirkungsquantum
m	Masse des Teilchen
v	Geschwindigkeit des Teilchen

Die Welleneigenschaften von Elektronen konnten Jahre später auch experimentell nachgewiesen werden. Eine Elektronenbahn kann gemäß De-Broglie als stehende Welle eines Elektrons gedeutet werden.

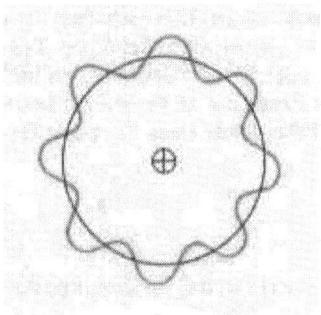

Bild: Das Elektron als stehende Welle

De-Broglie wäre mit seiner Theorie beinahe durch die Doktorprüfung gefallen. Einstein hatte ihm geholfen, diesen revolutionären Gedanken zu verteidigen. Später bekam De-Broglie sogar den Nobelpreis.

Bis heute kann niemand erklären, wieso das Elektron bei seinen Umkreisungen um den Atomkern nicht ständig Energie abstrahlt, wie es die klassische Physik voraussagt, und in den Kern stürzt. Genau das tun nämlich Elektronen, wenn sie im größeren Maßstab auf Kreisbahnen laufen, wie man meßtechnisch feststellen kann.

**Die logische Konsequenz ist eigentlich:
„Elektronen kreisen nicht!"**

Es ist ja auch sehr merkwürdig, daß dieselben Elektronen, die sich mit mehreren 1000 km/sec um den Atomkern bewegen können, nur mit der Driftgeschwindigkeit einer Schnecke (mm/sec) fließen, wenn sie den uns so geliebten elektrischen Strom verursachen. Die drastische und ruckartige Geschwindigkeitsänderung beim Wechsel von einer Elektronenbahn auf eine andere ist eigentlich nicht vorstellbar.

Ein Wasserstoff-Atom ist nach außen elektrisch neutral. Das Elektron soll mit hoher Geschwindigkeit um den Atomkern kreisen., während das Atom auf Grund seiner Temperatur um seine Ruhelage schwingt.

Die Zentrifugalkraft soll im Gleichgewicht mit der elektrischen Anziehungskraft sein.

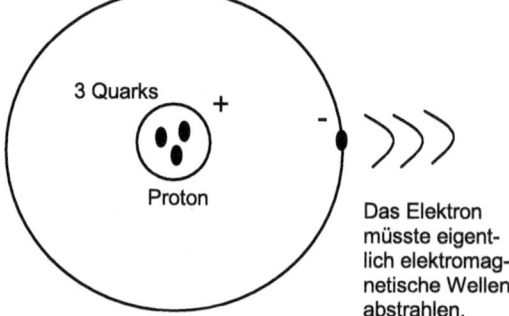

Das Elektron müsste eigentlich elektromagnetische Wellen abstrahlen.

Bild: Das einfachste Atom ist das Wasserstoffatom. Es besteht aus einem positiv geladenen Proton und einem negativ geladenen Elektron. Das Proton besteht wiederum aus 3 Quarks, die zusammen die entgegengesetzte Elementarladung des Elektrons tragen.

Rätselhaft ist auch, wieso Elektronen, die gleiche Ladung wie Protonen haben sollen, die ja keine Elementarteilchen darstellen; denn Protonen bestehen wiederum aus 3 Quarks verschiedener Färbung, die wiederum nur ein Bruchteil der Elementarleitung mit verschiedenem Vorzeichen tragen.

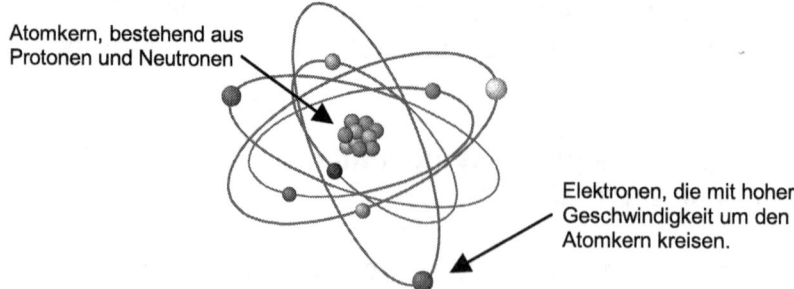

Bild: In der klassischen Vorstellung vom Atom kreisen Elektronen mit sehr hoher Geschwindigkeit um den Atomkern.

Letztendlich ist nicht auszuschließen, daß in Experimenten mit noch höheren als den derzeit zu erreichenden Energien noch kleinere Elementarteilchen gefunden werden können.

Wir haben uns von den kleinsten Materiebausteinen ein Modell gemacht, weil sie so klein sind, daß wir sie nicht direkt beobachten können. Über komplizierte Experimente haben wir versucht, deren Aufbau und Eigenschaften zu studieren und haben Erstaunliches herausgefunden. Letztendlich jedoch ist das Atom auch heute noch ein ungelöstes Rätsel, aus dem man sich mit einem Axiom helfen muß.

Fazit
Unsere Modell-Vorstellung von Licht und vom Atom ist widersprüchlich!

Einsteins größter Irrtum

Bevor Einstein und seine Frau in die USA immigrierten, hatten sie eine schwere Zeit im armen Deutschland durchgemacht. Frau Einstein sparte alte Briefe und Altpapier für ihren Mann für seine Arbeit auf. Jahre später besuchte Frau Einstein auf einer Public Relations Tour mehrere Laboratorien mit der neusten technischen Ausrüstung.

Sie blieb vor einem großen Apparat stehen und fragte: „Für was ist das?"

Der Chef-Wissenschaftler erklärte: „Frau Einstein, das ist ein Instrument, um die tiefsten Geheimnisse des Universums zu erforschen."

Frau Einstein erstaunt: „Das ist alles? Mein Mann machte das auf alten Briefumschlägen."

Thomas Alva Edison, der Erfinder der Glühbirne[8] und vieler anderer elektrischer Geräte, für die ich ihm heute noch dankbar bin, sagte einmal :"Genialität besteht zu 1% aus Inspiration und 99% Transpiration".

Edison hatte im Alter von 12 Jahren als Zeitungsjunge angefangen. Die Ausbildung im Telegrafieren wurde ihm bezahlt, nachdem er das Leben des Sohns vom Bahnhofmeister gerettet hatte. Sein Hobby war das Experimentieren, das er später zu seinem Beruf machte. Als Labor diente ein alter Eisenbahnwagon. Ich möchte die *Glühbirne* von Edison benutzen, um Einstein zu widerlegen, so wie es Edwin Hubble über die Messung der Rotverschiebung entfernter Galaxien getan hat.

---

[8] Der Gerechtigkeit halber sei erwähnt, daß die erste Glühbirne bereits 1854, rund 25 Jahre bevor Edison seine Glühbirne präsentierte, durch H. Goebel in den USA erfunden worden war.

Einstein war zweifellos ein genialer Denker und Meister des Gedankenexperiments.

Aber auch ein Genie kann sich irren.
Errare humanum est! [9]

So irrte Einstein sich bei der Interpretation seiner eigenen Formeln und meinte, daß das Universum statisch wäre. Um den auch für ihn offensichtlichen Widerspruch zu vermeiden, führte er in seine Gleichungen eine kosmologische Konstante ein. Er erklärte sie, indem er die bis heute nicht nachgewiesene Anti-Gravitationskraft einführte.

Ein Irrtum, den erst Edwin Hubble 1929, 24 Jahre nach Veröffentlichung der *Speziellen Relativitätstheorie*, durch Messungen aufdeckte.

Woher kam dieser Irrtum? Nun, hauptsächlich, weil sich Albert Einstein ein sich stetig ausdehnendes Universum einfach nicht vorstellen konnte. Sein Weltbild war von einer falschen Modellvorstellung geprägt. Später bezeichnete er dies als seinen größten Fehler.

Er glaubte auch nicht an die heute gesicherte Quantentheorie, obwohl er selbst maßgeblich an ihr beteiligt war und auch nicht an die Unschärfetheorie. Auch die Strahlung, die von Schwarzen Löchern ausgeht, dürfte es normalerweise gemäß Relativitätstheorie nicht geben.

Tatsächlich haben nicht nur Schüler und Studenten Probleme mit der Relativitätstheorie, sondern auch versierte Physiker. Dabei ist die Relativitätstheorie nicht so **schwer zu verstehen**, sie ist nur so **schwer zu glauben**. Die Ergebnisse der Relativitätstheorie widersprechen nämlich dem gesunden Menschenverstand, sprich der Logik.

---

[9] Irren ist menschlich!

Die meisten spüren, daß irgend etwas nicht stimmen kann.

Bog Einstein sich sein Weltbild zurecht?

Ich meine, ja! In diesem Buch werde ich schlüssig zeigen, daß Einstein ein weiterer Fehler unterlaufen ist. Nämlich in seiner Betrachtung der Zeit. Einstein meinte in Wirklichkeit die *Dauer von physikalischen Vorgängen*.

Deshalb ist der Begriff *„Zeitdilatation - Die Dehnung der Zeit"* falsch. Treffender Weise sollte man von der *„Verlangsamung physikalischer Vorgänge"* sprechen.

Die Relativitätstheorie ist bei aller Kritik sicher nicht komplett falsch. Dafür gibt es zu viele Beweise, für die Richtigkeit der Formeln, insbesondere der bekanntesten aller Formeln $E = m c^2$. Ich habe die Relativitätstheorie sogar auf die Elektrotechnik übertragen und um den relativen Widerstand erweitert. Über die Messung der relativen Hallspannung möchte ich jedoch die Aussagen der Relativitätstheorie etwas geraderücken. Das Dilemma in der Physik besteht darin, daß wir nichts besseres als die Relativitätstheorie haben, weshalb wir uns krampfhaft daran festhalten. So, wie an einem Strohhalm im offenen Meer. Hinzu kommt die menschliche Eigenschaft des Wunschdenkens. Weil wir gerne ewig leben würden, suchen wir nach Theorien, die dies möglich machen könnten.

Für den Menschen ist es unmöglich, einfach nichts zu glauben. Das wäre so, wie nichts denken. Jeder Mensch hat ein bestimmtes Weltbild, nach dem er handelt. Die Wissenschaft kann heute nachweisen, daß das Weltbild vergangener Epochen falsch war. Sie hat nachgewiesen, daß die Erde eine Kugel und keine Scheibe ist. Statt sich über die neue Erkenntnis zu freuen, wurde von der Kirche versucht, mit allen Mitteln den alten Glauben zu verteidigen. Galilei mußte für die Verbreitung seines Wissens sogar ins Gefängnis. Die Menschen sind im allgemeinen nicht bereit, ein Weltbild, das sie jahrzehntelang vertreten haben, einfach aufzugeben.

Denn Irren ist meist ein ziemlich schmerzlicher Prozeß und ein Zeichen von Schwäche, die angreifbar macht. Genauso schmerzlich wie an der Börse Geld zu verlieren, weil man erst denkt, man mache den großen Deal, um dann festzustellen, daß man ganz schön schief lag. Ein bekannter Börsenmagnat sagte mal, die Kunst Geld zu machen, besteht darin, die Verluste möglichst klein zu halten.

„Gewinne laufen lassen, Verluste begrenzen!"

Allerdings ist der Irrtum die beste Möglichkeit, Dinge wirklich zu verstehen. Erst wenn man mal ausprobiert hat, was passiert, wenn man es falsch macht, weiß man genau, warum man es anders machen sollte. Man nennt das dann Erfahrung. Ein Motorradfahrer, der sich noch nie hingelegt hat, ist noch nie richtig gefahren. Die Amerikaner, die in solche Dingen viel lockerer sind als wir Deutschen, ermuntern dazu mit dem Satz: „Try and Error". Fast jeder kennt diese Methode des Lernens mittlerweile. Die Evolution selbst benutzt diese Methode seit Millionen von Jahren mit großem Erfolg. Finden Sie nicht? Und trotzdem ist es für die meisten unangenehm, etwas falsch zu machen. Es gibt Englischlehrer, die beharrlich jede falsche Aussprache und jede falsche Wortstellung ihrer Schüler korrigieren, bis die Schüler gar nichts mehr sagen, aus Furcht, sie könnten einen Fehler machen.

Wenn man sich auf der anderen Seite anschaut, wie kleine Kinder mit einem Minimum an Worten ohne jegliche Grammatikkenntnisse mutig zu sprechen anfangen, müßte doch auch so manchem Englischlehrer ein Licht aufgehen?

Fazit
Intelligenz ist die Fähigkeit, aus seinen Fehlern zu lernen!

Das Universum breitet sich aus

Der vom Schall bekannte Dopplereffekt[10] findet Verwendung um die Ausdehnung des Universums zu messen. Galaxien, die sich von uns wegbewegen, erfahren eine Rotverschiebung. Bewegen sich Galaxien auf uns zu, beobachtet man eine Frequenzverschiebung in den Blaubereich.

Der Dopplereffekt ist eine typische Wellenerscheinung und ein Indiz dafür, daß es sich bei Licht eben nicht um einen Teilchenstrom handelt. Diese Entdeckung des Astronomen *Edwin Hubble* war eine Sensation, mit der niemand gerechnet hatte.

Bei dem Dopplereffekt scheint die Welle gedehnt, wenn man sich mit einer Geschwindigkeit von ihr wegbewegt. Im umgekehrten Fall erscheint sie gestaucht. So ähnlich, wie, wenn man im Meer mit oder gegen die Wellen schwimmt.

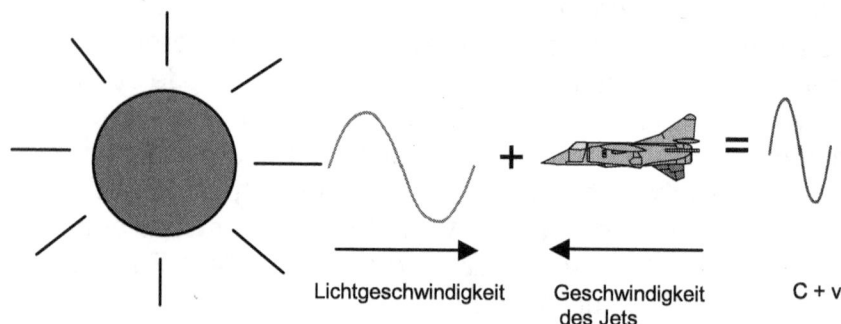

Lichtgeschwindigkeit   Geschwindigkeit des Jets   C + v

Bild: Der Dopplereffekt bei Licht

Ein Flugzeug kann Informationen schneller in sich aufsaugen, wenn es einem Zeitsignal entgegen fliegt. Fliegt der Jet der Information davon, werden die Informationen förmlich ausei-

---

[10] Christian Doppler war Physiker und Mathematiker und lebte von 1803-1853

nandergezogen. Genauso wie das Pfeifen eines herannahenden Zuges deutlich höher und das Pfeifen eines sich entfernenden Zuges deutlich tiefer als das eines stehenden Zuges ist.

Durch die Geschwindigkeit des Flugzeuges kann es die Informationen schneller aufsaugen. Die Informationen werden durch die Geschwindigkeit des Jets zusätzlich komprimiert und dadurch in einen höheren Frequenzbereich verschoben.

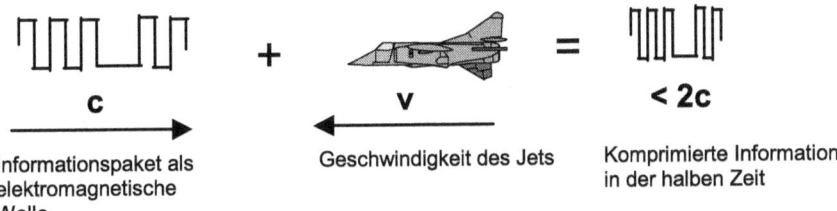

Gemäß *Spezieller Relativitätstheorie* könnte man annehmen, daß sich die Uhren in dem Flugzeug gerade so verlangsamen, daß dieser Effekt kompensiert wird, damit die Inertialsysteme gleichwertig bleiben. Das ist jedoch nicht der Fall. Ganz im Gegenteil. Durch die Verlangsamung der Uhren würde der Effekt der komprimierten Information sogar noch verstärkt. Wenn man nicht das Empfängersysteme neu aufsynchronisiert, würde man nur noch Datenmüll erhalten.

Die Formel für den relativistischen Doppler-Effekt unterscheidet sich vom klassischen Doppler-Effekt, der vom Schall her bekannt ist, nur durch den Term $(+ \frac{1}{2} v^2/c^2)$.

$$f' = f \left(1 + \frac{v}{c} + \frac{1}{2} \frac{v^2}{c^2}\right)$$

f gesendete Frequenz
f' empfangene Frequenz
v Geschwindigkeit des Empfängers
c Lichtgeschwindigkeit

Der Doppler-Effekt ist aber *keineswegs eine Bestätigung der Relativitätstheorie*, sondern dessen Widerlegung. Denn über den Doppler-Effekt lassen sich prima die Geschwindigkeiten messen. Deshalb findet der Doppler-Effekt ausgezeichnete Anwendung bei Radarmessungen der Polizei. Die ausgesandte elektromagnetische Welle hat eine bestimmte Frequenz, die durch das entgegenkommende Fahrzeug verändert wird. Aus der Differenz der beiden Frequenzen läßt sich so die Geschwindigkeit des Fahrzeuges berechnen.

Bei genauerer Betrachtung der Formel erkennt man, daß sich *die Information mit Überlicht-Geschwindigkeit ausbreitet*, wenn sich das Empfängersystem der Information entgegen bewegt.

Vergißt man mal die Zeitdehnung im bewegten Inertial-System, läßt sich die Information mit doppelter Lichtgeschwindigkeit aufsaugen.

Gemäß *Spezieller Relativitätstheorie* würde sich die Frequenz der elektromagnetischen Welle sogar bis ins unendliche erhöhen, würde man sich mit annähernder Lichtgeschwindigkeit der elektromagnetischen Welle entgegen bewegen, denn die Zeit würde sich ja extrem dehnen.

Das ist natürlich Quatsch und beweist, daß Inertialsysteme nicht physikalisch gleichwertig sind. Spätestens jetzt würde ein Mensch in einem hyperschnellen Raumschiff merken, daß seine Uhren zu langsam sind. Die Energie der entgegenkommenden Photonen wäre maximal doppelt so groß gemäß der Mutter aller Formeln der Quantentheorie wie bei einem ruhenden System, nämlich:

$$W_{Dq} = h\,f'$$

wobei $f' <= 2f$

W_{Dq} — Energie eines Lichtquants gemäß Doppler-Effekt
h — Plancksches Wirkungsquantum
f' — Frequenz des Lichtquants gemäß Dopplereffekt

Tatsächlich versucht man derzeit die absolute Geschwindigkeit der Erde über die kosmische Hintergrundstrahlung zu berechen. Eine Synchronisation aller Uhren gemäß dieser kosmischen Hintergrundstrahlung wäre der nächste Schritt.

Die höchste maximale Geschwindigkeit ist also 2c!

Falls Sie es immer noch nicht glauben, rechnen sie es nach.

$c = \lambda \, f$

für $f = \frac{1}{2} f'$, gilt

$c = \lambda \, \frac{1}{2} f'$

c	Lichtgeschwindigkeit
λ	Wellenlänge (Zurückgelegte Strecke)
f	Frequenz
f'	Empfangene Frequenz gemäß Doppler-Effekt

daraus folgt:

$2 c = \lambda \times f'$

Die Wissenschaft diskutiert rege die Frage, ob sich das Universum auf ewig weiter ausbreiten wird, oder ob es sich irgendwann in einem Massenpunkt wieder zusammenziehen wird (Big Crunch). Dies soll im wesentlichen von der im Universum vorhandenen Masse abhängen. Man spricht in diesem Zusammenhang davon, daß das Universum *„offen"* bzw. *„geschlossen"* ist.

Wissenschaftler behaupten, daß sich die Zeit umkehren müßte, würde sich das Universum wieder zusammenziehen, weil die Entropie (die Unordnung) wieder abnehmen würde. Auf wundersame Weise würde sich die Ordnung wieder vergrößern.

Vor 15 Milliarden Jahren soll sich das Universum durch einen Urknall (Big Bang) gebildet haben, so daß mehrere Milliarden Galaxien entstanden sind, die sich seitdem ausbreiten. Wir haben der Galaxie, in der unser Sonnensystem zu Hause ist, den Namen *Milchstraße* gegeben. In unserer Galaxie gibt es wiederum Milliarden von Sonnensystemen.

Unsere Sonne ist etwa 30.000 Lichtjahre vom Zentrum der Milchstraße, deren Durchmesser etwa 100.000 Lichtjahre beträgt, entfernt. Über die unterschiedlichen Formen von Galaxien wundern sich Kosmologen schon seit langem und fragen sich, wie sie wohl entstanden sind. Viele sind spiralförmig wie unsere Milchstraße, andere wiederum sind elliptisch oder haben gar keine erkennbare Struktur.

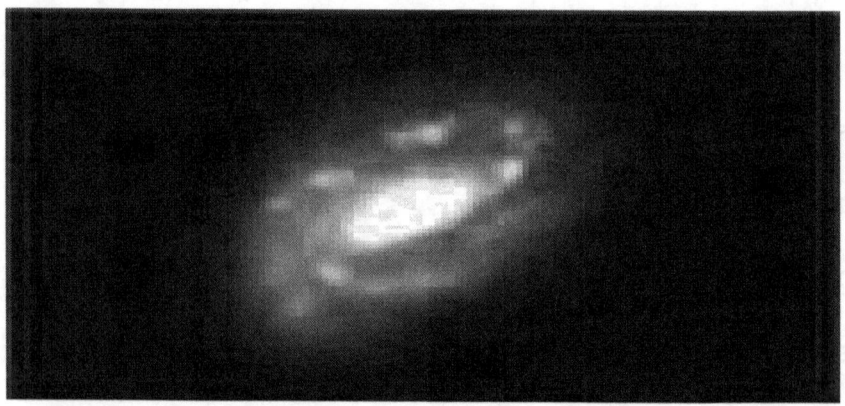

Bild: Die Spiral-Galaxie ISOHDFS 27 ist etwa 6 Milliarden Lichtjahre entfernt (Rotverschiebung ca. 0.58). Ihre Masse beträgt etwa 4 mal die der Milchstraße.

Unser Universum wird also nach heutigem Weltbild zweidimensional gedacht durch einen Galaxiengürtel, der sich ständig vergrößert, gebildet. Dreidimensional gedacht, ist es eine Kugeloberfläche, die sich wie ein Luftballon aufblähen soll.

Da allgemein anerkannt wird, daß sich nichts schneller als das Licht ausbreiten kann, müßte eigentlich das Licht schon weit weiter sein als die dazu vergleichsweise langsamen Galaxien.

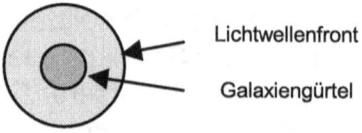

Bild: Universum, das von Licht und Temperatur eingehüllt ist.

Das bedeutet wiederum, daß das Licht unser Universum wie einen Heiligenschein umgeben müßte. Der Abstand zwischen der Lichtwellenfront und den äußeren Galaxien müßte immer größer werden, und man kann sagen, daß das Universum ausblutet, weil dem Universum ständig unwiederbringlich Energie verloren geht. Das Universum wird also eigentlich von der äußeren Lichtwellenfront begrenzt und nicht von dem Galaxiengürtel. Es ist allerdings unmöglich, diese Lichtwellenfront zu beobachten, da sie ja nirgends reflektiert wird. Sie müßte etwa 15 Milliarden Lichtjahre vom Ursprung entfernt sein.

Da sich die Energie auf eine immer größer werdende Kugeloberfläche verteilt, wird die äußere Lichtkugel immer schwächer, bis irgendwann nichts mehr von ihr übrig ist. Man kann sich das wie bei einer Glühbirne vorstellen, deren Lichtkegel keine festen Grenzen hat, sondern immer schwächer wird. Geschieht das mit dem gesamten Universum, wird das Universum sich in Nichts auflösen, und es kommt nicht zum Big Crunch. Das Nichts stellt die optimale Verteilung der Energie dar. Das Chaos scheint perfekt und die Zeit steht still. Erst durch Materie, der größtmöglichen Ordnung, entsteht Zeit und Raum.

Wir können uns ein materieloses Universum nicht vorstellen. In der Forschung führende Wissenschaftler postulieren, daß vor dem Urknall nichts war. Auch keine Zeit. Vielleicht hält uns aber gerade dieses Axiom (Annahme, für die es keine Beweise gibt) von einem objektiven Zeitverständnis ab. Denn es scheint ein Naturgesetz zu sein, daß diese optimale Verteilung der Energie nicht lange anhalten kann, wenn sie überhaupt je eintritt.

Durch eine extreme Energieanhäufung, sozusagen einer Super-Asymmetrie entsteht eine Superexplosion (Big Bang), durch die Materie erzeugt wird, und es entsteht Zeit und Raum. Das ist auch ein Grund dafür, daß die Zeit nicht abhängig von der Materie sein kann, denn die Zeit wird auch weiterlaufen, wenn sich alles in Nichts aufgelöst hat. Nur, muß es wirklich ein Big Bang für das ganze Universum sein?

Daß sich das ganze Universum aus einem ultrakleinen Materieobjekt, kleiner als ein Proton, gebildet haben soll, halte ich für eine Milchmädchenrechnung. Wenn ein Maurer für ein Haus 100 Tage braucht, dann brauchen 100 Maurer für ein Haus 1 Tag ?

Die Wahrscheinlichkeit, daß Hochrechnungen, die 15 Milliarden Jahre zurückreichen und vom Makrokosmos in den Mikrokosmos reichen, richtig sind, ist sehr gering. Insbesondere, wenn man bedenkt, daß wir derzeit nicht mal in der Lage sind, das [11]Wetter für die nächsten 3 Tage richtig vorauszusagen. Das Schicksal des Kosmos soll aber leicht für die nächsten paar Milliarden Jahre vorausberechenbar sein?

Ich halte es für sehr viel wahrscheinlicher, daß sich Galaxien in Regionen des Universums bilden und auflösen und dabei eine Driftbewegung ausführen. Auf jeden Fall ist für mich die Vorstellung, daß Zeit einen Anfang und ein Ende haben soll, eine Krücke für die Wissenschaft, weil sie nicht gerne zugibt, daß sie auch keine Ahnung hat. Letztendlich wäre das *Sich-Auflösen* des Universums in *nichts* genauso ungünstig für die Menschheit wie der *Big Crunch*.

Finden Sie nicht?

Fazit
Über den optischen Doppler-Effekt läßt sich die Ausdehnung des Universums messen!

---

[11] Diese Unzulänglichkeit der Meteorologen hat mich schon einige Gartenpartys gekostet.

Die Urknall-Theorie

Heraklit, 500 Jahre vor unserer Zeit meinte, daß das Feuer der Urstoff sei, aus dem alle Materie sei.

Als Licht bezeichnet man im allgemeinen nur einen kleinen Bereich des Spektrums elektromagnetischer Wellen. Prinzipiell sind die Grenzen jedoch ohnehin fließend, so daß ich der Einfachheit halber diese Unterscheidung für die folgende Betrachtung nicht mache und elektromagnetische Wellen prinzipiell als Licht bezeichne.

Energie und Masse sind gleichwertig. Das behauptet die berühmte Formel von Einstein ($E=m\ c^2$).

Gemäß dieser Formel entspricht die Masse eines Protons der Bewegungsenergie eines Elektrons, nachdem es 1 Giga Volt durchlaufen hat. Deshalb spricht man davon, daß ein Proton eine Masse von 1 GeV (Giga Elektronen Volt) hat.

Auf unterster Ebene der Elementarteilchen kann die Umwandlung von Energie in Materie nachgewiesen werden.

Licht ist eine besondere Form der Materie. Sozusagen der 5. Aggregatzustand, nämlich reine Energie.

Bei Gammastrahlung handelt es sich um eine elektromagnetische Welle äußerst kurzer Wellenlänge, die in elektrischen oder magnetischen Feldern nicht abgelenkt werden kann. Dringt ein Photon bis in unmittelbare Kernnähe vor, verwandelt sich Gammastrahlung bei entsprechend großer Energie in ein Elektron-Positron-Paar.

Prinzipiell kann man sagen, daß, wenn Materie aus Licht entsteht, sie paarweise als Materie und Antimaterie entsteht.

Umgekehrt zerstrahlt Materie zu Licht, wenn Materie und Antimaterie zusammentreffen.

Auf diese Weise soll unser gesamtes Universum entstanden sein. Nachdem sich aus einem Lichtblitz eine gewaltige Menge von Materie und Antimaterie gebildet hat, ist ein kleiner Teil, nämlich unser Universum, übriggeblieben, als es zu einer „kleinen" Asymmetrie kam.

Möglichkeit 1

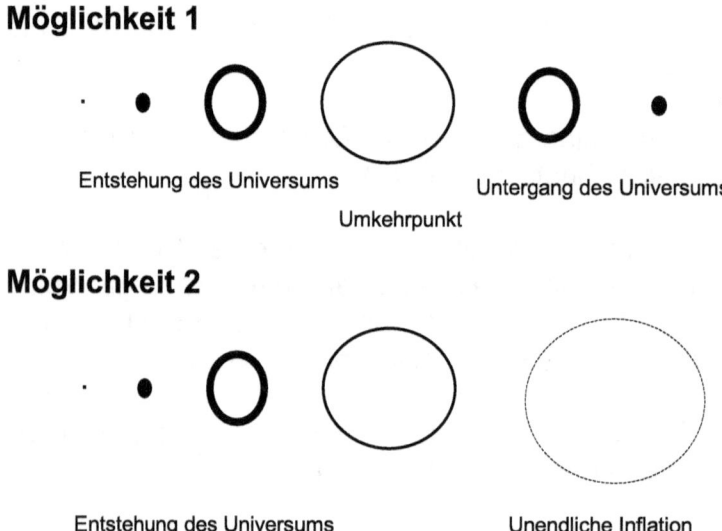

Entstehung des Universums

Umkehrpunkt

Untergang des Universums

Möglichkeit 2

Entstehung des Universums

Unendliche Inflation

Möglichkeit 3

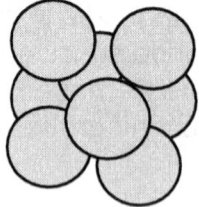

Ständiges Vergehen und Neubildung von Regionen des Universums

Bild: Entstehung und Untergang des Universums

Aus einem winzigen Materiekern, der kleiner als ein Proton war, hat sich unser Universum auf die derzeit gigantische Größe aufgebläht.

Wissenschaftler sind natürlich auf der Suche nach der entsprechenden Menge Antimaterie, die ein Paralleluniversum bilden könnte.

Religiöse Menschen können also mit Recht behaupten: „Gott ist das Licht, und das Licht ist in uns".

Tatsache ist, daß sich ohne das Licht der Sonne, das Leben auf der Erde nicht entwickelt hätte.

Trotzdem wundert es einen, daß dieselben Physiker, die erklären, daß die Quantentheorie nicht auf den Makrokosmos anzuwenden ist, eben diese benutzen, um die Entstehung des Makrokosmos zu erklären.

Und mal Hand aufs Herz: Können Sie wirklich glauben, daß sich unser gewaltiges Universum aus einem winzigen Materiekern, der kleiner als ein Proton gewesen ist, hervorgegangen sein und auch in einem solchen wieder enden soll?

Tatsache ist, daß wir nur einen Bruchteil des gesamten Universums beobachten können.

Warum sind wir dann dessen Struktur so sicher?

Fazit
Licht kann in Materie umgewandelt werden und umgekehrt!

Die Universumsuhr

Mittlerweile ist den meisten bekannt, daß das Verglühen der Sonne in etwa 5 Milliarden Jahren alles Leben auf der Erde beenden wird. Dies scheint ein unausweichliches Schicksal zu sein, wenn kein Wunder geschieht. Da hilft auch beten nicht.

Klassisches Schachmatt!

Das Verglühen der Sonne wird in der Zukunft ein ernstes Problem der Menschen werden, von dessen Lösung die Erhaltung der Art abhängt.

Viel früher könnte aber ein Meteorit einschlagen, und alles menschliche Leben auf der Erde zerstören, so wie es vor Millionen von Jahren den Dinosauriern passiert ist.

Oder, was noch früher passieren wird, ist, daß uns in den nächsten 20.000 Jahren eine neue Klimakatastrophe vor unlösbare Probleme stellt. Der Golf-Strom im Atlantik trägt nämlich etwa 30% zur Temperatur in Europa bei. In der Vergangenheit ist der Strom jedoch schon öfters mal abgerissen, was jedes Mal zu einer Eiszeit in Europa geführt hat.

Außerdem wechselt das Magnetfeld der Erde alle zig-tausend Jahre seine Richtung.

Prinzipiell sind das keine schönen Aussichten.

Der zweite Hauptsatz der Thermodynamik besagt, daß die Entropie (die Unordnung) ständig zunimmt und sich somit alle höherwertige Energie irreversible in Wärme umwandelt. Durch die Wärmestrahlung, bei der es sich um elektromagnetische Strahlung handelt, erhält die Zeit ihre Richtung. Nur, wie konnte die enorme Menge an höherwertiger Energie überhaupt entstehen, wenn es nur eine Richtung der Energieumwandlung gibt?

Handelt es sich bei unserem Universum um ein gigantisches [12]Perpetuum Mobile?

Der zweite Hauptsatz der Thermodynamik scheint bei der Entstehung unseres Universums außer Kraft gesetzt worden zu sein.

```
Schicksal   Irrweg   Glaube   Irrweg   Zufall
     \     /     \    /    \    /
      \   /       \  /      \  /
       \ /         \/        \/
        \         /  \        /
         \       /    \      /
          \     /      \    /
           \   /        \  /
            \ /          \/
          pulsiert      unendlich
```

Hat das Universum einen Anfang und ein Ende?

Bild: Der Entscheidungsbaum für die Betrachtung des Universums

Ob unser Schicksal besiegelt ist, hängt letztendlich von der fundamentalen Frage ab, ob das Universum pulsiert oder unendlich ist. Viele Wissenschaftler glauben, daß das Universum pulsiert, sich in den ersten 15-30 Milliarden Jahren aufbläht (Big Bang) und in den nächsten 15-30 Milliarden Jahren wieder zusammenzieht (Big Crunch). Das Universum würde sich so alle 30-60 Milliarden Jahre ohne Rücksicht auf Verluste neu bilden.

Diese Vorstellung impliziert unwillkürlich einen übergeordneten Zeitgeber. Sozusagen eine **Universumsuhr, die den Takt schlägt**.

Damit wäre unser Schicksal besiegelt, nach dem Motto *„der Mensch denkt, und Gott lenkt"*. Die Zeit wäre nicht relativ, sondern absolut.

Fazit
Das Universum ist ein ungelöstes Rätsel!

---

[12] Hier: Himmelsmechanik, die ohne Energiespeisung dauernd Arbeit leistet.

Die Äthertheorie

Das Universum ist nicht vollständig leer; das zeigt der Casimir-Effekt. Zwei dünne Metallplättchen, in geringem Abstand zueinander, ziehen sich im Vakuum auf geheimnisvolle Weise an.

Der Casimir-Effekt läßt auf die Existenz von virtuellen Teilchen im Vakuum schließen. Durch die Verringerung der virtuellen (scheinbaren) Teilchen entsteht ein Anziehungsdruck, und die Platten ziehen sich an.

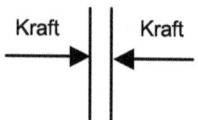

Bild: 2 Metallplättchen im Vakuum ziehen sich auf geheimnisvolle Weise an

Obwohl es sich bei virtuellen (scheinbaren) Teilchen nicht um Materie handelt, erscheint das Vakuum plötzlich doch nicht mehr so leer, wie man früher glaubte.

Die Quantentheorie hat für die Erklärung des Äthers natürlich längst ein Teilchenmodell präsentiert. Es basiert im wesentlichen auf sogenannten Neutrinos, die mal Masse, mal keine haben sollen. Diese geheimnisvollen Teilchen sollen in unvorstellbarer Menge ständig unsere Welt ohne jeden spürbaren Effekt durchdringen.

Abgeschirmt in unterirdischen Bergwerken muß man Tage warten, um auch nur ein Neutrino nachzuweisen, weil deren Wahrscheinlichkeit, mit anderen Teilchen in Wechselwirkung zu treten, nahezu Null ist.

Lange Zeit glaubte man, daß elektromagnetische Wellen kein Ausbreitungsmedium bräuchten. Heute scheint es, als sei das ganze Universum von einem geheimnisvollen Äther erfüllt. Der Äther hat sogar einen Wellenwiderstand, der sich wie folgt berechnet und die Geschwindigkeit von Licht begrenzt:

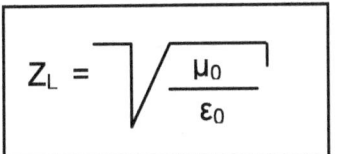

$$Z_L = \sqrt{\frac{\mu_0}{\varepsilon_0}}$$

Z_L Wellenwiderstand im Vakuum
μ_0 magnetische Feldkonstante
ε_0 elektrische Feldkonstante

Aus den beiden Feldkonstanten μ_0 und ε_0 kann die Lichtgeschwindigkeit mathematisch hergeleitet werden.

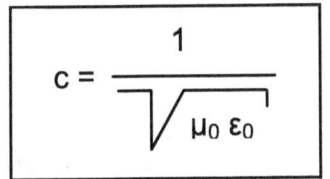

$$c = \frac{1}{\sqrt{\mu_0 \varepsilon_0}}$$

c Lichtgeschwindigkeit
μ_0 magnetische Feldkonstante
ε_0 elektrische Feldkonstante

Der Äther besitzt eine Kapazität und eine Induktivität, die sehr homogen im Raum verteilt ist und in dem sich die elektromagnetische Welle ausbreitet. Der sogenannte Feldwellenwiderstand ist frequenzunabhängig und beträgt 376,68 Ω.

Das ist ein recht genauer Wert für etwas, das eigentlich gar nicht existiert.

Die Äthertheorie entstand ursprünglich aus der klassischen Physik im 19. Jahrhundert. Gemäß der Äthertheorie ist Licht als elektromagnetische Welle zu verstehen, die sich im Äther ausbreitet. Der vermeintliche Welle-Teilchen-Dualismus löst sich auf, weil Licht als reine Wellenerscheinung erklärbar ist.

Die kugelförmige Ausbreitung von Licht bestimmt unser Weltbild. Die Zeit stellt sich als Eigenschaft des Äthers dar, der

Energie mit einer begrenzten Geschwindigkeit, nämlich Lichtgeschwindigkeit, transportiert.

Nach dem berühmten Michelson-Morley-Experiment, das die Existenz des Äthers nachweisen sollte, aber fehlschlug, gab man die Vorstellung des Äthers jedoch auf.

Es gibt Physiker, die meinen, daß das Michelson-Morley-Experiment nicht fehlschlug, weil der Äther nicht existiert, sondern, weil es praktisch keine Relativgeschwindigkeit zwischen Äther und Erde gibt. So ähnlich wie es keine Relativgeschwindigkeit zwischen einem Luftballon und der Luft gibt, die ihn mit sich führt.

Scheiterte der Nachweis des Äthers nur daran, daß Michelson und Morley ein falsches Weltbild vertraten, nämlich das eines ruhenden Äthers?

Ist die Vorstellung eines sich mit der Erde bewegenden Äthers so abwegig, wenn man anerkennt, das praktisch alles im Universum rotiert.

Warum dann nicht auch der Äther?

Fazit
Der Raum scheint von einem geheimnisvollen Äther erfüllt.
Zeit stellt sich als Eigenschaft des Äthers dar!

Schneller als das Licht

„Früher einmal konnte man in den Zeitungen lesen, es gebe nur zwölf Menschen, die die Relativitätstheorie verstünden. Das glaube ich nicht. Wohl mag eine zeitlang nur ein Mensch sie verstanden haben, weil er als einziger auf den Gedanken verfallen war. Nachdem er aber seine Theorie zu Papier gebracht und veröffentlicht hatte, waren es gewiß mehr als zwölf. Andererseits kann ich mit Sicherheit behaupten, daß niemand die Quantenmechanik versteht." [13]

Gemäß Urknall-Theorie hat sich aus einem winzigen Materiekern das gesamte Universum gebildet. Die Ausdehnung soll sich in der frühen Phase des Universums mit Überlichtgeschwindigkeit vollzogen haben.

„Halt!" werden Sie jetzt hoffentlich denken. Nichts kann sich schneller als mit Lichtgeschwindigkeit ausbreiten.

Das ist jedoch anders bei der Raum-Zeit. **Die Raum-Zeit selbst** muß sich gemäß aktueller Urknall-Theorie nämlich **mit Überlichtgeschwindigkeit** ausgebreitet haben, um auf die derzeitige Größe zu kommen.

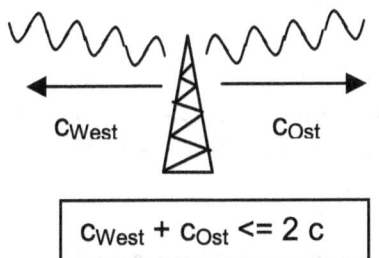

Radioprogramme werden gleichzeitig in alle Himmelsrichtungen versendet.

Dadurch ist die Ausbreitungsgeschwindigkeit der Information 2c.

Bild: Informationen breiten sich mit doppelter Lichtgeschwindigkeit aus.

---

[13] Zitat von Richard Feynman, einer der gründlichsten Kenner der Quantenmechanik

Eine elektromagnetische Kugelwelle breitet sich mit doppelter Lichtgeschwindigkeit aus. Radioprogramme werden mit Lichtgeschwindigkeit gleichzeitig in alle Himmelsrichtungen geschickt. Die Information breitet sich mit doppelter Lichtgeschwindigkeit aus.

Gemäß Quantentheorie gibt es keine unabhängigen Raum-Zeit-Systeme. Alles ist mit allem verschränkt (verbunden). Wirkungen können selbst von einem Ende des Universums ans andere Ende zeitlos übertragen werden.

Die Quantentheorie widerlegt die Relativitätstheorie nicht nur theoretisch, sondern auch experimentell in den Punkten:

- Nichtlokalität
- Unbestimmtheit

Die Nichtlokalität behauptet, daß sich Wirkungen über beliebige Entfernungen ohne Zeitverzögerung bemerkbar machen können.

Unter bestimmten Bedingungen entstehen aus reiner Energie zwei Teilchen mit genau entgegengesetzten Eigenschaften. So kann aus zwei Lichtteilchen ein Elektron und ein Positron entstehen. Diese beiden Teilchen sind von nun an auf geheimnisvolle Weise miteinander verknüpft. Ändern sich die Eigenschaften des einen Teilchen, so hat das eine sofortige Änderung des anderen zur Folge. Es scheint für die Übertragung der Information keine Zeit zu benötigen. Diese Phänomen wird als Quantenteleportation bezeichnet. Wie sie funktioniert ist der Wissenschaft noch ein Rätsel.

Da Licht aus Photonen besteht, fragt man sich natürlich, wie groß ein Photon wohl ist? Man stellte sich lange Zeit vor, daß Photonen etwa die Größe ihrer Längenwelle haben.

Man konnte jedoch experimentell nachweisen, daß Licht durch Löcher dringen kann, die wesentlich kleiner als ihre Wellenlänge sind. Photonen im Niederfrequenzbereich hätten einen Durchmesser von Kilometern. Sie wären größer als Wolkenkratzer.

Sich Elektronen als Massenpunkte ohne bestimmbare Größe vorzustellen ist ohnehin ein fauler Kompromiß. Könnte es sein, daß es sich gar nicht um Teilchen handelt? Große Wissenschaftler bezeichnen den Schlamassel als Ladungswolken.

Photonen unterschiedlicher Wellenlänge

o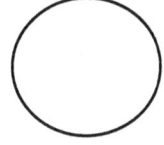

Hochfrequenzbereich   Niederfrequenzbereich   Größe von Hochhäusern

Bild: Die Größe eines Photons wird durch seine Frequenz bestimmt.

Gemäß Unschärfetheorie läßt sich der Ort und die Geschwindigkeit eines Elektrons nicht beliebig genau bestimmen. Genauso ist die Isolierung eines Lichtteilchens unmöglich, weil sich dessen Energie über den ganzen Spektralbereich verteilen würde. Denn ein Photon wird ja durch seine Frequenz bestimmt. Deshalb läßt sich ein Photon genauso schlecht fangen wie ein Elektron. Dieser als *Unschärfetheorie der Nachrichtentechnik* bezeichnete Effekt wird im Kapitel „*Informationen kosten Zeit*" ausführlich behandelt. Wir reden also von Teilchen ohne Volumen, deren genauer Aufenthaltsort nicht bestimmbar und deren Masse obskur ist.

Sollte da einem nicht ein Licht aufgehen?

Der Welle-Teilchen-Dualismus ist der Beweis dafür, daß unser Weltbild noch einen gewaltigen Fehler hat, der daraus entsprungen ist, daß man erklären wollte, wie sich Licht auch ohne lichttragendes Medium, also im Nichts ausbreiten kann, indem man die Eigenschaften des lichttragenden Mediums, also dem Äther, auf ein Teilchenmodell übertrug.

Dieser Irrtum wird heute als moderne Physik bezeichnet, und die damit verbundenen Wirrungen sollen ausschließlich mathematisch zu verstehen sein. Die moderne Physik erklärt uns, daß unsere Welt so kompliziert ist, daß wir uns kein Bild mehr davon machen können. Logische Widersprüche werden in der modernen Physik als *geisterhafte Phänomene* beschrieben.

Einstein schrieb in einem Brief 1951: „Fünfzig Jahre angestrengten Nachdenkens haben mich der Antwort auf die Frage: *Was sind Lichtquanten?* nicht näher gebracht. Heute bilden sich Hinz und Kunz ein, es zu wissen. Aber da täuschen sie sich."

Fazit
Die Quantenteleportation ist schneller als das Licht!

Ein unlösbarer Widerspruch

Max Frisch erzählt in seinem Buch *Homo Faber* sehr eindrucksvoll die Geschichte eines alternden Ingenieurs, der glaubt, sein ganzes Leben vorausberechnen zu können und durch die Verkettung mehrerer unglücklicher Zufälle, sich in seine eigene Tochter verliebt, die am Ende in seinen Händen stirbt. Damit hatte Faber bestimmt nicht gerechnet. Max Frisch war selbst übrigens Architekt von Beruf, bevor er zu schreiben begann.

Einstein war derselben Meinung wie Faber, denn auch er glaubte, die Zukunft sei exakt berechenbar.

Während es sich bei der Relativitätstheorie um eine klassische, stetige Theorie handelt, die den Grenzübergang der Zeit gegen 0 zuläßt, bekommt man in der Quantentheorie bei gleicher Vorgehensweise mathematische Unendlichkeiten.

In der Quantentheorie ist vieles, allerdings nur für einen winzigen Augenblick, nämlich der Planckzeit, erlaubt, was normalerweise nicht erlaubt ist, wie zum Beispiel der Bruch des Energieerhaltungssatzes.

Gemäß Quantentheorie gibt es eine kleinste Zeit, eine kleinste Länge, das größtmögliche Elementarteilchen und die größtmögliche Temperatur :

$t_{(0)} = 10^{-43}$ s
$l_{(0)} = 10^{-35}$ m
$m_{(0)} = 10^{-5}$ g
$T_{(0)} = 10^{32}$ °K

Zwischen den beiden Theorien besteht eine große Kluft. Die Wissenschaft ist sich über den Grenzbereich der Physik nicht einig, weil sich Gravitation nicht quantisieren läßt.

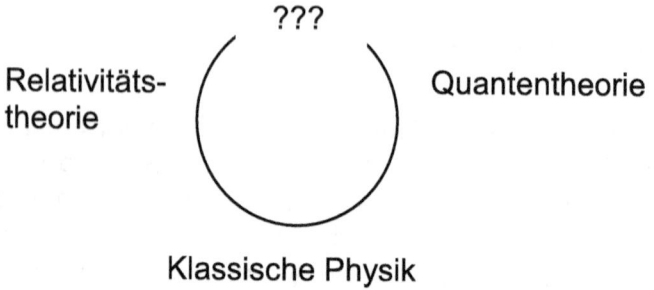

Bild: Der Kreis zwischen Quantentheorie und Relativitätstheorie schließt sich nicht.

Einstein glaubte Zeit seines Lebens nicht an die Quantentheorie. Einer seiner berühmtesten Sätze dazu war:

„Gott spielt nicht mit Würfeln!".

Er war auch kein Freund der Unschärfetheorie von Heisenberg.

Stringtheorie

Relativitäts-theorie

Quanten-theorie

Bild: Der Kampf um die Wahrheit

Die Zweifel an dem klassischen Verständnis der Physik wurden immer größer und Schrödinger, der berühmt für seine Wellen-Gleichung, die auf recht einfache Weise die Heisenbergsche Unschärferelation wiedergab, kommentierte: „Wenn es doch bei dieser verdammten Quantenspringerei bleiben soll, so bedaure ich, mich überhaupt jemals mit Quantentheorie abgegeben zu haben."

Erbitterte Diskussionen führte Einstein auch mit Niels Bohr, seines Zeichens auch Nobelpreisträger wie Einstein, jedoch getreuer Verfechter der Quantentheorie.

Nachdem Einstein 1921 den Nobelpreis für die quantentheoretische Erklärung des Lichts erhalten hatte, bekam Bohr ein Jahr später den Nobelpreis für das quantentheoretische Atommodell.

1927 trafen Einstein und Bohr während eines Kongresses zusammen. Über 5 Tage sollte sich das *Battle of Masterminds* ziehen. Am Morgen jeden Tages ersann Einstein ein neues Rätsel, das die Quantentheorie widerlegen sollte und Bohr bis zum Abend löste. Am 5. Tag jedoch löste Bohr das Rätsel mit den Waffen der *Allgemeinen Relativitätstheorie*. Einstein einigte sich darauf mit Bohr auf *unentschieden*.

1935 versucht Einstein die Quantentheorie erneut zu widerlegen. Mit seinen Mitstreitern Boris Podolsky und Nathan Rosen formuliert er ein Gedankenexperiment, das entsprechend der Initialen der Erfinder als EPR-Argument berühmt ist. Polarisierte Photonen werden in entgegengesetzter Richtung geschickt. Mißt man den Spin des einen Photons, wäre augenblicklich auch der Spin des Zwillingsphotons bekannt und zwar ohne Messung.

1983 widerlegte Aspect in Paris Einstein, indem er nachwies, daß die Übermittlung von Informationen mit Überlichtgeschwindigkeit erfolgen kann. In einer Nanosekunde legte das

Licht 33 cm zurück, was einer Geschwindigkeit von 330.000 km/sec entspricht. Über den sogenannten Tunneleffekt sollen Signale praktisch zeitlos übertragen werden können.

Der Streit zwischen Anhängern der Quantentheorie und Anhängern der Relativitätstheorie ist hitzig und scheint unüberwindbar. Gemäß Unschärfetheorie kann man bei einem Elektron nie Ort und Impuls gleichzeitig messen.

Die Quantentheorie ist eine Theorie der Wahrscheinlichkeiten. Die Relativitätstheorie kennt jedoch keine Unbestimmtheiten.

Laut Einstein können Raum und Zeit beliebig genau bestimmt werden. Zwischen zwei Ereignissen muß nach Einstein ein Raum liegen, wobei Informationen nicht schneller als mit Lichtgeschwindigkeit übermittelt werden können. Diese Vorstellung bringt natürlich auch die Newtonsche Vorstellung der Gravitation in Bedrängnis. Laut Newton wirkt eine Änderung des Schwerefeldes augenblicklich.

Einstein wich diesem Problem aus, indem er die Kräftewirkung auf Raumeigenschaften transformierte. Eine Masse verändert nur die Eigenschaften des Raums und wirkt nicht direkt auf eine andere Masse. Nach einer Explosion eines Sterns sollen sich Gravitationswellen ablösen, die mit Lichtgeschwindigkeit durch die Raum-Zeit laufen.

Gemäß Quantentheorie kann alles über 61 Elementarteilchen beschrieben werden. Die verschiedenen Elementarteilchen bestehen aus Quarks, Leptonen und Bosonen. In diesem Zusammenhang spricht man vom Standardmodell der Teilchenphysik, das alle Teilchen eingruppiert.

3 Quarks verschiedener Färbung bilden Protonen bzw. Neutronen. Elektronen gehören zu der Familie der Leptonen und Photonen zu den Bosonen.

Bosonen sind Träger der Wechselwirkungen, sozusagen Botenteilchen, die zwischen Materieteilchen, also Teilchen mit Ruhemasse, ständig ausgetauscht werden. Diese Teilchen werden auch als *virtuelle Teilchen* bezeichnet.

Das Photon überträgt die elektromagnetische, das Gluon die starke, das W- und Z-Teilchen die schwache und das Graviton die Gravitationskraft.

	Photon	**Gluon**	**W- und Z-Teilchen**	**Graviton**
Art der Kraft	Elektromagn. Kraft	Starke Kraft	Schwache Kraft	Gravitationskraft
Wirkung auf Teilchen	Quarks und geladene Leptonen	Quarks und Gluonen	Quarks und Leptonen	Alle Teilchen
Beobachtung	Chemie, Elastizität und Magnetismus	Zusammenhalt der Hdronen und der Atomkerne	Radioaktivität	Zusammenhalt des Universums

Tabelle: Die Träger der Wechselwirkungen

Außerdem gibt es zu jedem Teilchen ein Antiteilchen, auch Antimaterie genannt. Der Bruder des Elektrons heißt zum Beispiel Positron. Es hat alle Eigenschaften wie ein Elektron, aber positive Ladung.

1974 entdeckte Hawking die nach ihm benannte Hawking Strahlung. Schwarze Löcher sind demnach nicht total schwarz. Die Entdeckung war eine Sensation und rüttelte an den Grundpfeilern der Relativitätstheorie.

Gemäß Quantentheorie gibt es eine im ganzen Universum absolute kleinste Zeiteinheit, die sogenannte Plankzeit. Sie beträgt $6,3 * 10^{-43}$ sec. Ereignisse, die in solch ein Zeitintervall fallen, lassen sich zeitlich nicht unterscheiden, daß heißt, es läßt sich nicht unterscheiden, welches Ereignis früher oder später eingetreten ist.

Obwohl man normalerweise sagt, daß die Relativitätstheorie im makroskopischen und die Quantentheorie für den mikroskopischen Bereich gültig ist, gibt es auch hier ein Dilemma, nämlich die Supraleitung.

Die Supraleitung gilt als *makroskopisches Quantenphänomen*. Später werde ich ausführlich zeigen, daß sich der elektrische Widerstand um den selben Faktor erhöht, wie die Zeit sich dehnt, weil der elektrische Strom als Quotient aus Ladung und Zeit definiert ist.
Da die Ladung (Anzahl der Elektronen) konstant in jedem Raum-Zeit-System ist, muß der Strom um den selben Faktor sinken, wie sich die Zeit dehnt.

Der Aufladevorgang eines Kondensators, zum Beispiel, müßte sich entsprechend der Zeitdehnung verlangsamen. Ein einfacher Taktgeber kann aus einem Kondensator und einer Glimmlampe, die, sagen wir, bei 90 Volt zündet und bei 70 Volt ausgeht, gebaut werden. Da sich gemäß Relativitätstheorie alle Uhren verlangsamen, muß sich auch der Taktgeber, der ja wie eine Uhr funktioniert, verlangsamen.

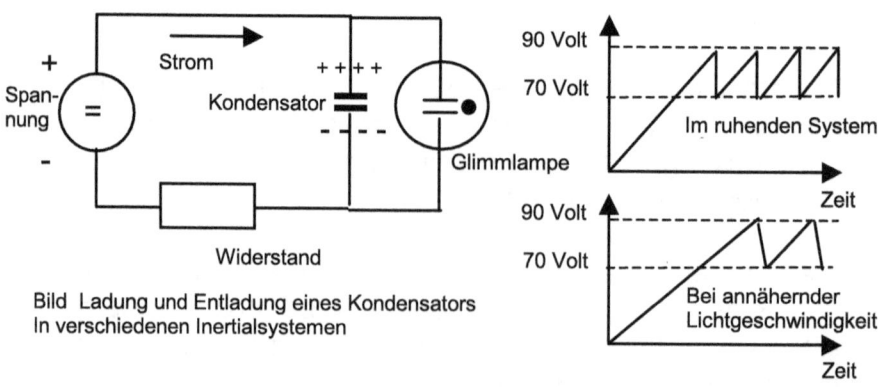

Bild Ladung und Entladung eines Kondensators
In verschiedenen Inertialsystemen

Die Zeitkonstante eines solchen Ladevorganges berechnet sich nach T = R C. Erhöht sich der Widerstand R, dann erhöht sich automatisch die Zeitkonstante T. Der Ladevorgang dehnt sich gegen unendlich, wenn das Raumschiff mit annähernder Lichtgeschwindigkeit unterwegs ist.

Bei Supraleitung ist der Widerstand jedoch 0 und die Stromstärke deshalb konstant. Die Stromstärke eines supraleitenden Materials wäre also in jedem Raum-Zeit-System unveränderlich.
Tatsächlich gibt es trotz aller Ungereimtheiten Bücher und Physiker, die es schaffen, die Relativitäts- und die Quantentheorie als einheitliche Theorie zusammenzufassen, so als würde alles wahnsinnig gut zusammenpassen. Ein Licht im dunklen Tunnel soll die Stringtheorie sein. Sie soll Quantentheorie und Relativitätstheorie vereinen.

Vielleicht ist das, was wir als Materie bezeichnen, nichts weiter als die mathematische Beschreibung mehr oder weniger dichter Energiefelder, und ein Elektron, zum Beispiel, existiert überhaupt nicht wirklich als Teilchen. Es läßt sich aber damit viel leichter rechnen, wenn man es sich so vorstellt. Zur Zeit basiert die moderne Physik auf einem merkwürdigen Mischmasch aus Relativitäts- und Quantentheorie. Je nach Bedarf wird die eine oder die andere benutzt, um irgendwelche Merkwürdigkeiten „zu erklären".

Eine neue Interpretation der *Wheeler-Feynman-Absorber-Theorie* erklärt zum Beispiel das *„unbegreifliche"* Doppelspaltexperiment dadurch, daß Elektronen vor dem Passieren des Doppelspaltes gleichzeitig in die Vergangenheit und in die Zukunft reisen, damit sie schon vorher wissen, was sie erwartet und in der Vergangenheit darauf reagieren können. Falls Sie das nicht verstehen können, liegt das daran, daß es keiner kann.

Albert Einstein und Niels Bohr wußten genau, daß sie nicht beide recht haben konnten. Die Physiker von heute stört das anscheinend nicht und geben beiden recht.

Fazit
Die moderne Physik steckt in einem scheinbar unlösbaren Widerspruch zwischen Relativitäts- und Quantentheorie. Ein Ausweg soll die Stringtheorie sein!

Die versteckten Dimensionen

Stellen Sie sich vor, Sie wären ein auf ein kreisrundes Blatt Papier gemaltes Männchen.

Ein Bleistift, der von oben durch das Papier gebohrt wurde, erschien Ihnen nur als *Schwarzes Loch*, das wie aus dem Nichts entstanden ist.

Auch wäre es Ihnen unmöglich, an dem Bleistift hochzuschauen, um seine Höhe zu erkennen.

Sie könnten sich ein physikalisches Gesetz definieren, nachdem *Schwarze Löcher* in Ihrer Welt entstehen und sich auf wunderbare Weise von selbst vergrößern können.

Nur verstehen würden Sie es nie.

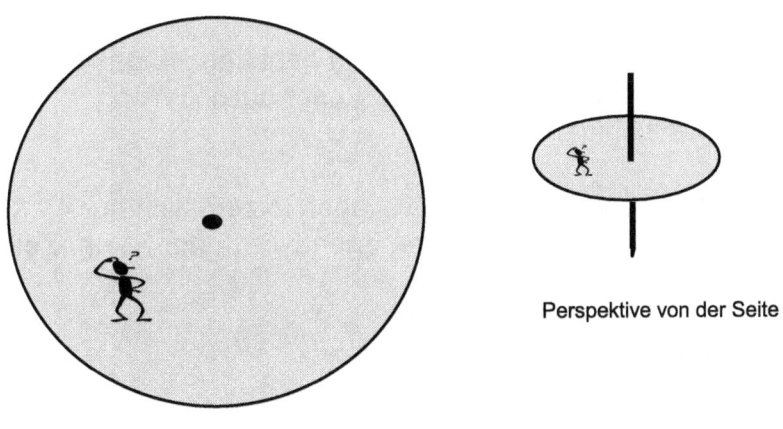

Perspektive von der Seite

Perspektive von oben

Bild: Männchen in einer 2-dimensionalen Welt stößt auf ein <Schwarzes Loch>, das wie aus dem Nichts entstanden ist.

Denken wir in zuwenig Dimensionen?

Es gibt Wissenschaftler, die behaupten, daß unser Universum mehr als die 3 (+ Zeit) von uns begreifbaren Dimensionen besitzt und deshalb für uns rätselhaft erscheint.

Eine neue Theorie, die 10 Dimensionen oder sogar mehr umfaßt und Stringtheorie heißt, soll die Dimensionen wenigstens mathematisch erfassen.

Teilchen sind keine Massenpunkte mehr, sondern Fäden, viel kleiner als alle bekannten Elementarteilchen.

Dadurch soll der Welle-Teilchen-Dualismus, der einen Widerspruch in sich darstellt, vermieden werden.

Die Stringtheorie ist eine rein mathematische Theorie, die kein bildliches Modell zur Verfügung stellt. Sie hat auch keine experimentelle Grundlage, und es wird wahrscheinlich auch nicht möglich sein, sie je experimentell zu bestätigen.

Ob den Menschen mit einem Weltbild geholfen ist, das 10 Dimensionen oder sogar mehr umfaßt, ist fraglich. Wenn ja, dann bestimmt nur wenigen.

Warum wir von den vielen Dimensionen letztendlich nur 4 erleben, liegt daran, daß die anderen irgendwie in der Raum-Zeit aufgerollt sein sollen.

Nur Gott weiß, wie!

Fazit
Die Stringtheorie umfaßt 10 Dimensionen oder sogar mehr.

Unser Sonnensystem

Unser Sonnensystem besteht aus 9 Planeten, die, wie bereits vor 400 Jahren Johannes Kepler herausgefunden hat, auf elliptischen Bahnen um die Sonne kreisen, weil die große Masse der Sonne sie nicht davonfliegen läßt.

Die Sonne befindet sich hierbei in einem der Brennpunkte der Ellipsen, die dadurch entstehen, daß sich die Planeten auch untereinander gegenseitig anziehen.

Die Massenanziehungskraft ist die Kraft, die das gesamte Universum zusammenzuhalten scheint. Gemäß *Allgemeiner Relativitätstheorie* sollen sich Änderungen des Gravitationsfeldes mit Lichtgeschwindigkeit ausbreiten. Einstein glaubte, daß sich Gravitationsfelder ähnlich wie elektromagnetische Felder verhalten.

Ein Elektron, das auf einer Kreisbahn läuft, strahlt ständig Energie ab. Deshalb müßte in logischer Konsequenz auch die Erde ständig Energie in Form von Gravitationswellen in den Raum abstrahlen. Diese Gravitationswellen müßten sich im ganzen Universum mit Lichtgeschwindigkeit ausbreiten. Der ständige schleichende Energieverlust müßte die Erde irgendwann in die Sonne stürzen lassen.

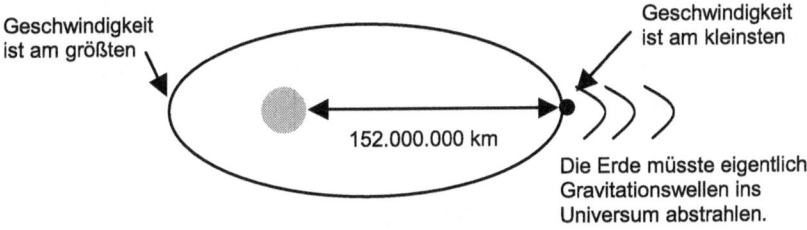

Bild: Die Erde umkreist die Sonne auf einer Ellipse (nicht maßstabsgerecht dargestellt).

Auch müßten wir in der Lage sein, Gravitationswellen von entfernten Sternenexplosionen zu empfangen. Genauso wie wir das Licht der Sternenexplosion wahrnehmen können.

Gemäß Quantentheorie wäre auch eine augenblickliche Übertragung der Information denkbar.

Ob die Änderung des Gravitationsfeldes augenblicklich oder nur mit Lichtgeschwindigkeit übertragen wird, ist eine interessante Frage. Denn die Übertragung von Informationen mit Überlichtgeschwindigkeit ließe sich vielleicht technisch ausnutzen. Zwei Raumschiffe in großer Entfernung könnten ohne Zeitverzögerung Nachrichten austauschen.

Der Schlüssel für die Beantwortung der Frage liegt wohl darin, ob bei der Informationsübertragung auch Energie übertragen wird. Wird Energie übertragen, so kann dies maximal mit Lichtgeschwindigkeit passieren.

Der Abstand von der Erde zur Sonne beträgt je nach Jahreszeit zwischen 147 Millionen und 152 Millionen km.

Um in einem Jahr einmal um die Sonne zu kreisen, muß die Erde mit etwa 100.000 km/h durch das Universum sausen.

Sie legt dabei fast 1 Milliarde Kilometer zurück.

Wenn die Erde der Sonne am nächsten ist, ist ihre Geschwindigkeit am größten. Zusätzlich dreht sie sich dabei täglich einmal um ihre Achse, die etwas geneigt zur Umlaufbahn ist, wodurch die Jahreszeiten entstehen. Dadurch rotiert ein Punkt auf dem Äquator mit etwa 1600 km/h.

Unser Sonnensystem bewegt sich währenddessen mit 72.000 km/h gegen das Sternbild *Herkules*.

Zusätzlich bewegt sich unsere Galaxie, die Milchstraße, in der unser Sonnensystem zu Hause ist, mit etwa 2.000.000 km/h hin zum Sternbild *Löwe*.

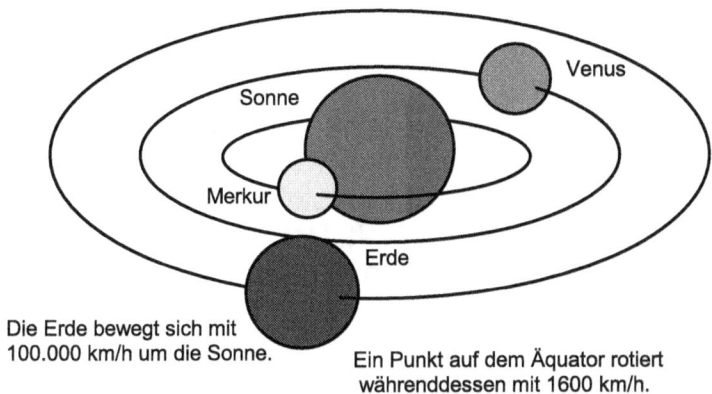

Die Erde bewegt sich mit 100.000 km/h um die Sonne.

Ein Punkt auf dem Äquator rotiert währenddessen mit 1600 km/h.

Bild: Die Erde umkreist die Sonne und rotiert dabei fast senkrecht zur Umlaufbahn.

Unser Sonnensystem besteht aus der Sonne und den 9 Planeten Merkur, Venus, Erde, Mars, Jupiter, Saturn, Uranus, Neptun und Pluto (Reihenfolge gemäß Abstand zur Sonne).

Fast alle Planten befinden sich auf einer Ebene. Von außen sieht unser Sonnensystem deshalb, wie unsere Galaxie auch, wie eine Scheibe aus.

Je weiter ein Planet von der Sonne entfernt ist, desto kleiner muß seine Umlaufgeschwindigkeit sein, weil er sonst durch die Fliehkraft aus seiner Bahn geworfen würde. Da er außerdem auch noch einen längeren Weg zurücklegen muß, benötigt er für seine Umkreisung um die Sonne wesentlich mehr Zeit. Merkur umkreist die Sonne in 0,24 Erdjahren, während Pluto fast 248 Erdjahre braucht.

Das Solarsystem maßstabsgerecht auf ein DIN-A4 Blatt zu zeichnen ist unmöglich, weil die Größenverhältnisse zu unterschiedlich sind.

Zusätzlich ist die Sonne von einem Asteroidengürtel umgeben, der sich zwischen Mars und Jupiter befindet.

Ungefähr alle 76 Jahre wird sie von dem bekannten Kometen „Halley" umkreist. Es gibt jedoch auch Kometen, die vielleicht niemals wiederkehren. Ihr Schweif entsteht dadurch, daß die Sonne Teile des Kometen verdampft. Der Schweif wird durch die Wirkung des Sonnenwinds normalerweise immer von der Sonne weggerichtet sein.

Damit erfüllt unser Sonnensystem nicht im entferntesten die Kriterien eines Inertialsystems, wie es die Relativitätstheorie fordert. Unser Weltbild sollte sich meiner Meinung nach mehr an der Wirklichkeit orientieren.

Es ist nur leicht verständlich, daß unsere Modell-Vorstellung vom Atom ähnlich wie die unseres Sonnensystems ist. Viele kleine Kügelchen drehen sich um eine große Kugel.
Einstein wollte sogar für den Mikro- und den Makrokosmos eine einheitliche Feldtheorie herleiten.

Jedoch, ist es wahrscheinlich, daß der Mikrokosmos genauso aufgebaut ist wie der Makrokosmos?

Fazit
Wir bewegen uns mit ungeheurer Geschwindigkeit durch das Universum!

Entartete Masse

Was unterscheidet einen Planeten von einem Stern?

Nun, ein Stern leuchtet im Gegensatz zu dem Planeten.

Während Planeten bis zur Größe eines Jupiter stabil sind, weil bei ihnen die elektromagnetische Kraft überwiegt, gewinnt bei noch massereicheren Planeten die Gravitation die Macht. Solch ein Stern ist sozusagen als **Sonnenquant** zu verstehen. Der Druck im Inneren der Planten wird so groß, daß das Sternenfeuer entfacht wird, und der Stern zu leuchten beginnt. Ursache dieses Sternenfeuers sind Kernfusionen in unvorstellbarer Menge. Die Sonne arbeitet also wie ein Kernreaktor .

Obwohl die Sonne ein gasförmiger Körper ist, beträgt ihre Dichte etwa 1,41 Gramm pro Kubikzentimeter. Das ist ein Wert, den man von Flüssigkeiten oder festen Körper erwarten würde. Die Temperatur der Sonne ist allerdings so gewaltig hoch, im inneren über 15 Millionen Grad, daß keine bekannte Materie flüssig oder gar fest bleiben kann. Die Dichte ist im inneren der Sonne etwa 13 mal größer als Blei. Bei diesen Temperaturen wird Wasserstoff in Helium verwandelt. Die dabei erzeugte Strahlung kann sich nur Zentimeter fortbewegen, denn im dichten Sonnenplasma wird sie sofort wieder absorbiert. Rund 170 000 Jahre benötigt die Energie, um bis an die Oberfläche der Gaskugel vorzudringen!

Die Temperatur an der Sonnenoberfläche beträgt "nur" noch rund 5700 Grad. Die Strahlung, die wir von unserem Zentralgestirn empfangen, stammt aus einer nur wenige hundert Kilometer dicken Schicht, der Photosphäre. Durch starke Magnetfelder auf etwa 4500 Grad abgekühlte Regionen erscheinen als dunkle Sonnenflecken. Die Sonne ist von einer mehrere Millionen Grad heißen Gashülle umgeben. Aus dieser "Korona" strömt ständig ionisiertes Gas als "Sonnenwind" in den interplanetarischen Raum hinein.

Entlang magnetischer Feldlinien sammelt sich Materie aus der Korona und bildet sogenannte "Protuberanzen". Schnelle Änderungen des Magnetfeldes der Sonne schleudern dann die Materie ins All. Das Magnetfeld der Erde schützt unsere Welt vor dem von der Sonne kommenden Partikelstrom. Bei größeren Eruptionen kann dieser Schutz jedoch durchschlagen werden, und man kann das sogenannte Polarlicht sehen.

Bild: Polarlicht

Die Protuberanzen bombardieren das Magnetfeld der Erde mit elektrisch geladenen Teilchen (Protonen und Elektronen), das sich sehr stark unter dem Einfluß des Sonnenwinds verformt. Auf der Tagseite der Erde ist die Magnetosphäre zusammengedrängt und auf der Nachtseite ragt sie mehrere Millionen Kilometer weit in den Weltraum. Auf der Nachtseite können die elektrisch geladenen Teilchen in die Magnetosphäre eindringen und verursachen so ein schönes Naturschauspiel.

Diese Beobachtungen lassen darauf schließen, daß es sich bei der Sonne nicht um „normale" Materie handelt. Der Druck im inneren der Sonne beträgt ca. 100 Milliarden bar. Unter solch einem gewaltigen Druck werden die Atomhüllen geknackt wie Nüsse zu Weihnachten. Dadurch werden die Elektronen in ei-

nem Elektronengas frei beweglich. Materie mit aufgeknackten Elektronenschalen wird „entartet" genannt und als Plasma bezeichnet.
99% des leuchtenden Universums befinden sich im Plasmazustand. Plasma kommt im täglichen Leben öfters vor, als Sie vielleicht denken. Zum Beispiel in Neonröhren oder beim Blitz.

Bei Plasma handelt es sich um ein ionisiertes Gas, das elektrisch nicht neutral ist und deshalb eine Menge Eigenschaften besitzt, die es von einem elektrisch neutralen Gas unterscheidet.

Auch beim Sonnenwind handelt es sich deshalb um Plasma, das durch seine elektrischen Eigenschaften das Magnetfeld der Erde gewaltig stört.

Für die Theorie des Sonnenwindes erntete der deutsche Physiker Ludwig Biermann 1947 von allen Seiten nichts als Spott. Der bekannte Wissenschaftler Sidney Chapman behauptete, daß kein Teilchen der Anziehungskraft der Sonne entkommen könne und meinte, daß es die Korona der Sonne sein müsse, die das ganze Sonnensystem ausfüllen würde und so den Schweif eines Kometen von sich wegdrückt.

Eugene Parker, ein damals junger amerikanischer Physiker, berechnete, daß der Sonnenwind aus sich mit Überschallgeschwindigkeit bewegenden Teilchen bestehen müsse. Auch Parker mußte bis zum experimentellen Beweis den Spott seiner wissenschaftlichen Kollegen ertragen, die seine Theorie in Vorlesungen zerrissen.

Fazit
Materie beginnt ab einer bestimmten kritischen Masse zu leuchten!

Kleine Sonnen leben länger

Gemäß *Allgemeiner Relativitätstheorie* können *Schwarze Löcher* prinzipiell in jeder nur denkbaren Größe vorkommen. Es gibt Wissenschaflter, die Schwarze Löcher sogar in atomarer Größe für möglich halten.

Andere meinen jedoch, daß *Schwarze Löcher* mindestens mehrer Sonnenmassen in sich vereinen müssen. Denn soviel Masse ist Notwendig um Neutronen zu zerschmelzen. Das würde wiederum prima in die Quantentheorie passen. Bei dem kleinsten Schwarzen Loch handelte es sich sozusagen um ein *Singularitätsquant*.

Prinzipiell gilt: Je größer der Stern, desto heftiger sein Sternenfeuer, das um so schneller verbrennt. Deshalb sterben Sterne mit großer Masse eher. Sterne ab 3,2 Sonnenmassen können bereits in Schwarzen Löchern enden, wenn sie beim Kollaps nicht genügend Masse verlieren.

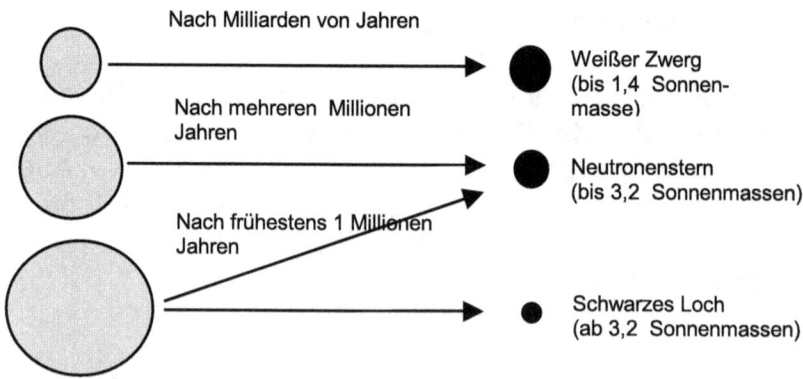

Bild: Sterne verglühen, wenn ihr Treibstoff aufgebraucht ist.

Während gemäß *Allgemeiner Relativitätstheorie* auf einem großen Stern alles langsamer wird, verbrennt er sich selbst immer schneller.

Doppelt-Halt werden Sie vielleicht jetzt denken. Auf schweren Sternen geht alles langsamer. Nicht, wenn es ums Sternenfeuer geht.

Wenn der Treibstoff verbrannt ist, kann der Gegendruck im Innern des Sterns den Kollaps nicht mehr verhindern, und je nach Größe des Sterns wird er zum *Weißen Zwerg*, zum *Neutronenstern* oder zum *Schwarzen Loch*.

Aus diesem Grund haben Sterne verschiedene Lebenszeiten im Universum. Man hat Sterne gemäß ihrer Größe kategorisiert. Unsere Sonne, zum Beispiel, fällt in die Spektralklasse G2.

Spektralklasse	Verweilzeit in Jahren
O	1 Millionen
B0	10 Millionen
B5	100 Millionen
A0	500 Millionen
A5	1 Milliarde
F0	2 Milliarden
F5	4 Milliarden
G0	10 Milliarden
G5	15 Milliarden
K0	20 Milliarden
K5	30 Milliarden
M0	75 Milliarden
M5	200 Milliarden

Tabelle: Lebenszeit von Sternen

Spektralklasse	Relative Häufigkeit in %
O	0,00002
B	0,1
A	1
F	3
G	9
K	14
M	73

Tabelle: Relative Häufigkeit von Sternen

Sie können sich bestimmt vorstellen, daß Sterne mit sehr großer Masse weit weniger vorkommen als Sterne mit kleiner Sonnenmasse.

Auf Grund der kurzen Lebensdauer von großen Sternen, stehen die Chancen doch recht gut, viele Schwarze Löcher zu entdecken. Ob das ein Grund zur Freude ist, wird sich zeigen.

Denver (GUFORC)[14] - US-Wissenschaftler haben mit Hilfe des Weltraum-Teleskops "Hubble" eine Sternenexplosion zehn Milliarden Lichtjahre von der Erde entfernt ausgemacht. Die Forscher erklärten, die Entdeckung unterstütze die umstrittene Theorie von **mysteriöser dunkler Energie**, die die Ausdehnung des Weltalls beschleunige. Die wenig erforschte dunkle Energie wurde bereits vor 100 Jahren von Albert Einstein erwähnt. Sie soll **bekannteren Kräften, wie der Schwerkraft,** entgegenwirken.

Auch mit den stärksten Instrumenten ist der Stern im Weltall kaum zu entdecken. Es handelte sich um eine sogenannte Supernova, einen Stern, der am Ende seiner Entwicklung durch eine Explosion ganz oder teilweise zerstört wird. Die Supernova soll den Astronomen Hinweise auf die dunkle Energie liefern. Sie schlossen aus ihrer Entdeckung, daß sich das Weltall

---

[14] Aus einem Artikel der Webseite www.guforc.com

nicht mit gleichmäßiger Geschwindigkeit ausdehnt, da der Stern sich in diesem Fall anders bewegen und nicht so hell leuchten würde. Jetzt überdenken die Wissenschaftler ihre Theorie zu den Vorgängen im Weltall.

"**Dunkle Energie** ist genauso erstaunlich wie die schwarzen Löcher", sagte der Kosmologe Michael Turner von der Universität von Chicago vor Journalisten in Washington. "Sie kontrolliert die Dichte der Natur. Sie ist der Schlüssel für das Verständnis, wie alle Teilchen der Natur und ihre Kräfte zusammenspielen." **Die Entdeckung, daß sich das Universum immer schneller ausdehne, sei eine der wichtigsten in den vergangenen 25 Jahren.**

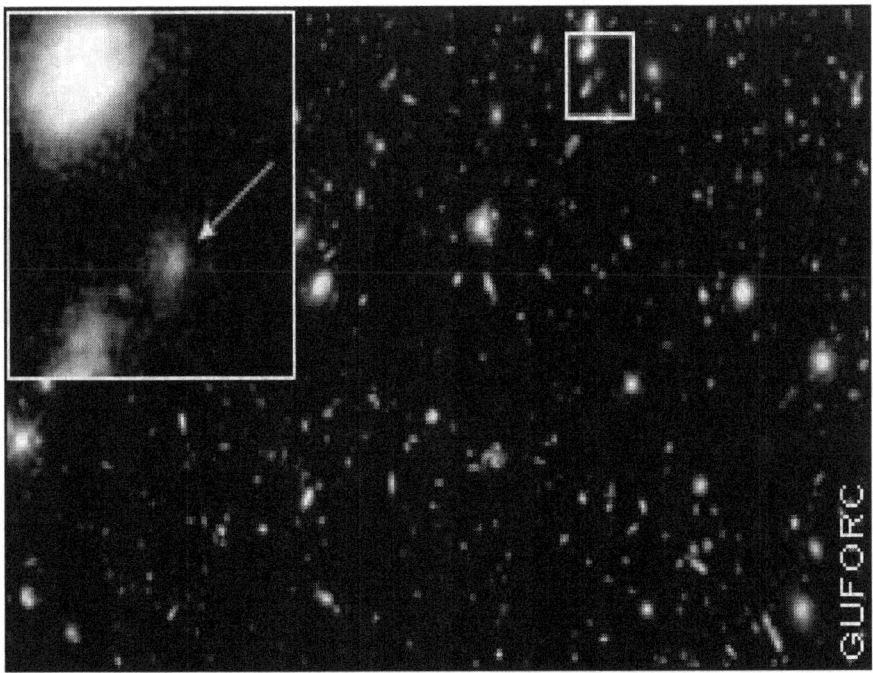

Bild: Eine Supernova, zehn Milliarden Lichtjahre von der Erde entfernt

Die Supernova 1997ff explodierte mehr als zehn Milliarden Lichtjahre von der Erde entfernt, weiter als jeder andere bekannte Stern vor ihr. Die Wissenschaftler betrachten "Hubble" als eine Art Zeitmaschine, mit der sie Ereignisse aus der frühen Geschichte des Weltalls verfolgen können. Vor zehn Milliarden Jahren war das Universum erst etwa vier Milliarden Jahre alt. Supernova 1997ff war wahrscheinlich ein weißer Stern von der Größe der Sonne, aber extrem dicht. Er zog Materie von einem anderen Stern an, bis er eine kritische Masse und Temperatur erreichte. Der Kohlenstoff habe sich in einer thermonuklearen Explosion von erstaunlicher Helligkeit entzündet, sagte der Wissenschaftler Peter Nugent vom Nationallaboratorium Lawrence Berkeley.

Kosmologen glauben, daß das Weltall vermutlich im Urknall vor zwölf bis 15 Milliarden Jahren entstand. Die Schwerkraft wirkte der unmittelbaren Ausdehnung entgegen. Dann beschleunigte sich jedoch vor vier bis acht Millionen Jahren die Ausdehnung. Die Gründe dafür sind unklar, wahrscheinlich spielt die dunkle Energie eine Rolle. "Die Supernova zeigt uns, daß das Weltall sich wie ein Autofahrer verhält, der vor einer roten Ampel bremst und dann bei grün wieder Gas gibt", sagte Adam Reiss vom Wissenschaftsinstitut in Baltimore.

Fazit
Die Lebenszeit von Sternen ist um so kürzer, je größer ihre Masse ist!

Die Masse macht's

Schwarze Löcher sind Sterne, die soweit kollabiert sind, daß selbst Licht ihrer Schwerkraft nicht entkommen kann.

Das normalerweise Riesenvolumen eines Atoms, dessen Kern winzig im Verhältnis zur Gesamtgröße ist, schrumpft soweit zusammen, daß die Atomkerne benachbarter Atome dicht beieinanderliegen. Die schwere Kernkraft konnte, trotz ihrer geringen Reichweite, die Übermacht über alle anderen Kräfte gewinnen und die Atomkerne zu einem Riesenkern zusammenschmelzen.

Ein Schwarzes Loch stellt die größtmögliche Massenkonzentration und damit das größte Maß an Ordnung dar.

Es ist kaum vorstellbar, daß sich Masse im Grenzbereich genauso verhält wie unter normalen Bedingungen. Die faszinierende Frage ist deshalb, was mit Materie in einem Schwarzen Loch passiert.

Stephen Hawking beschreibt in seinem Buch *„Kurze Geschichte der Zeit"* wie, im Gegensatz zu den Voraussagen der *Allgemeinen Relativitätstheorie*, *Schwarze Löcher* Energie abstrahlen, um dem Zweiten Hauptsatz der Thermodynamik zu genügen und deshalb nicht total schwarz sind.

Der Zweite Hauptsatz sagt einfach gesagt aus, daß die Natur den Zustand größerer Unordnung (Chaos-Prinzip) anstrebt, genauso wie sich Kaffee in Wasser auflöst und nur über Aufwendung von Energie und Zeit wieder getrennt werden kann. Durch den Ersten und Zweiten Hauptsatz der Thermodynamik wird das Perpetuum Mobile erster und zweiter Art für unmöglich erklärt.

Bild: Kaffee löst sich nach dem Prinzip der größtmöglichen Verteilung auf. Genauso wie Schwarze Löcher gibt heißer Kaffee solange Energie an seine Umgebung ab, bis seine Temperatur die der Umgebung entspricht.

Auch Schwarze Löcher gehorchen den Gesetzen der Thermodynamik durch Strahlung. Je kleiner die Schwarzen Löcher, desto größer ihre Strahlung und damit ihr Massenverlust.

Das Stefan-Boltzmann Gesetz postuliert: „Jeder Körper ist auf Grund seiner Temperatur ein Strahler".

Schwarze Löcher haben eine Temperatur, die Millionstel Grad über der des absoluten Nullpunktes liegt und müssen deshalb Energie abstrahlen.

Bei der abgestrahlten Wärmeenergie handelt es sich um elektromagnetische Wellen im Bereich Infrarot bis Mikrowelle (800 nm bis 1 mm).

Obwohl Schwarzen Löchern eigentlich nichts entrinnen kann, können virtuelle (scheinbare) Teilchen aus dem leeren Raum, der das Schwarze Loch umgibt, in das Schwarze Loch fallen und zu realen (wirklichen) Teilchen werden.

Da auch virtuelle Teilchen immer nur paarweise entstehen können, ist die Frage, was mit dem zweiten Teilchen passiert, wenn das erste im Schwarzen Loch ist?

Das zweite Teilchen kann nämlich genauso, wie das erste auch, durch die Energie des Schwarze Lochs in ein reales umgewandelt werden und entkommen.

Schwarze Löcher kann man also als Materiemaschinen verstehen, die virtuelle Teilchen in reale umwandeln. Auf diese Weise entsteht der Eindruck, das Schwarze Loch würde Teilchen abstrahlen.

Stephen Hawking nimmt an, daß Schwarze Löcher vollständig verstrahlen können, so daß nichts von ihnen übrig bleibt.

Wissenschaftler glauben, daß das gesamte Universum aus einem Schwarzen Loch hervorgegangen sein könnte. Auf dieser Vorstellung basiert im wesentlichen die Urknall-Theorie (Big Bang).

Es gibt auch Theorien, nach denen das gesamte Universum selbst ein Schwarzes Loch darstellen könnte.

Prinzipiell soll sich im Mittelpunkt jeder Galaxie ein Schwarzes Loch befinden. Auch in unserer Galaxie, der Milchstraße, wird ein Schwarzes Loch mit rund 2,5 Millionen Sonnenmassen vermutet. Man erklärt sich dadurch die Rotationsbewegung der Galaxien. Die dunkle Materie soll insgesamt 90% aller Masse im Universum ausmachen. Einzelne Schwarze Löcher sollen sogar mehrere Milliarden Sonnenmassen in sich vereinen und wie ein Staubsauger ganze Galaxien in sich aufsaugen können.

Wird es tatsächlich so sein, daß ein Schwarzes Loch irgendwann einmal das gesamte Universum in sich aufsaugt, was das Ende jedes Lebens im Universum bedeuten würde?

Fazit
Schwarze Löcher sind nicht schwarz!

Die Leichtigkeit des Seins

Haben Sie sich schon einmal überlegt, wieso Sie beim Tennis jedem Ball nachrennen müssen, obwohl sich doch Massen anziehen, ein Blitz Sie jedoch aus kilometerweiter Höhe punktgenau treffen kann, obwohl Menschen doch nach außen elektrisch neutral sind? Nun, das liegt daran, daß die Gravitation im Gegensatz zur elektromagnetischen Kraft sehr schwach ist.

Sicher, wir werden von der Schwerkraft auf die Erdoberfläche zurückgezogen, wenn wir in die Höhe springen. Wenn Sie sich aber überlegen, wie riesig die Masse der Erde ist, um diesen doch bescheidenen Effekt zu erreichen, muß man doch zugeben, daß die Wirkung der Schwerkraft erbärmlich klein ist. Nur in astronomischen Dimensionen spielt die Gravitation eine entscheidende Rolle.

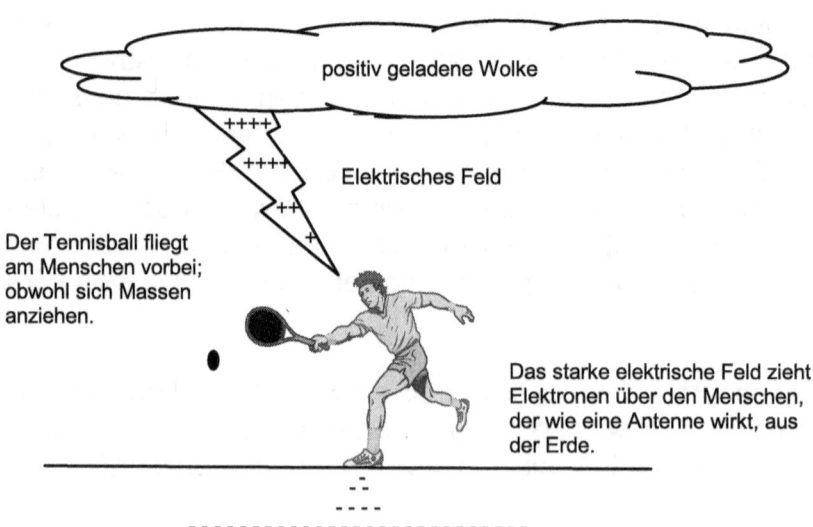

Bild: Massenanziehungskraft und elektrische Kraft im Vergleich

Wäre die Schwerkraft stärker, würden wir, wie Fliegen im Honig, an der Oberfläche der Erde festkleben. Deshalb können wir froh sein, daß die Erde ein so kleiner Planet ist.

Trotzdem reicht das Gravitationsfeld der Erde glücklicherweise aus, um eine Atmosphäre an sich zu binden. Dieses feine Gleichgewicht macht die Erde zu einem solch schönen Planeten für uns.

Haie haben sich die elektromagnetische Kraft für ihre Raubzüge zu Nutze gemacht. Sie reagieren auf 5 Milliardstel Volt. Das sind $5 \cdot 10^{-9}$ Volt. Ein Verstecken vor dem Hai ist praktisch unmöglich, weil selbst der Herzschlag elektromagnetische Wellen abstrahlt. Der Hammerhai hat deshalb sogar eine besonders flache Kopfform, die als Antenne wirkt, entwickelt. Dadurch kann er auch Beute aufspüren, die sich für ihn unsichtbar im Sand des Meeresboden versteckt hält.

Fazit:
Die Erde wird mit ihrer Atmosphäre von einer relativ schwachen Kraft, der Gravitation bzw. Schwerkraft, zusammengehalten!

Das Gleichgewicht der 4 Ur-Kräfte

Die Physik basiert auf den 4 Elementarkräften:

1. Starke Kernkraft
2. Elektromagnetische Kraft[15]
3. Schwache Kernkraft
4. Gravitation oder Schwerkraft

16

Bild: Das Atom besteht, gemäß Quantentheorie, aus einem positiv geladenen Atomkern und einer negative geladenen Ladungswolke.

Die 4 Ur-Kräfte spielen in einem bestimmten Gleichgewicht zusammen, um die Atome, aus denen letztendlich die Welt besteht, stabil zu halten. Diese Kräfte sind in ihrer Stärke und in ihrem Wesen sehr unterschiedlich.

Während die Schwerkraft eine sehr schwache Kraft darstellt, ist ihre Reichweite unvorstellbar groß. Schließlich hält sie ganze Sonnensysteme zusammen.

---

[15] Magnetische Vorgänge sind immer mit elektrischen gekoppelt, weshalb man vom Elektromagnetismus spricht.
[16] Das Bild stammt aus dem Buch <Geheimnisse des Universums>

Die elektromagnetische Kraft ist weit stärker als die Schwerkraft. Tatsächlich ist die elektromagnetische Kraft zwischen zwei Elektronen um den Faktor 10^{42} größer als ihre Gravitation. Sie wirkt aber nur auf elektrisch geladene Teilchen. So bleiben Neutronen unbeeinflußt von der elektrischen Kraft der Elektronen und Protonen, während sich Protonen und Elektronen anziehen.

Elementarkraft	Proton	Neutron	Elektron
Starke Kernkraft	ja	ja	nein
Elektromag. Kraft	ja	nein	ja
Schwache Kernkraft	nein	nein	nein
Gravitation	ja	ja	ja

Tabelle: Die Wirkung der 4 Elementarkräfte auf Elementarteilchen

Die weitaus größte Kraft ist die starke Kernkraft. Sie muß um vieles größer sein als die elektromagnetische Kraft, da sie ja die Protonen, die sich eigentlich elektrisch abstoßen, zusammenhalten kann.

Kraft	Relative Stärke
Starke Kernkraft	10^3
Elektromagnetische Kraft	1
Schwache Kernkraft	10^{-11}
Gravitation	10^{-42}

Tabelle: Die relative Stärke der 4 Elementarkräfte

Die Kernkraft scheint zwischen Neutronen und Protonen zu wirken, da jeder Atomkern mindestens genauso viele Protonen wie Neutronen enthalten muß. Ihre Reichweite ist aber unvorstellbar klein, nämlich nur 10^{-13} Zentimeter. Das heißt, die Kernkraft reicht gerade von einem Ende des Kerns zum anderem.

Die elektromagnetischen Kräfte bestimmen im wesentlichen alle chemischen Vorgänge. Elektromagnetische Kräfte werden auch genutzt, um große Massen zu bewegen.
Bei einer Schwebebahn wird eine Riesenmasse durch die Kraft winziger Elektronen in der Schwebe gehalten und dann in Bewegung gesetzt.

Bild: Die elektromagnetische Kraft bewegt eine Riesenmasse.

Die Relativitätstheorie kann kein umfassendes Weltbild liefern, weil sie nur die Gravitation betrachtet. Die Quantentheorie schafft es auch nicht, weil sich die Gravitation nicht quantisieren läßt.

Es ist sehr kompliziert, zu erklären, warum Protonen und Neutronen in einem extrem kleinen Kern zusammengehalten werden, warum elektrisch geladen Teilchen Kräfte aufeinander ausüben, oder warum sich Massen anziehen.

Die Erklärung der Schwerkraft ist auch heute noch ein Problem. Sie soll durch die Wechselwirkung von Gravitonen entstehen, die allerdings bis heute noch nicht nachgewiesen werden konnten. Die starke Kernkraft soll durch den Austausch von π-Mesonen (Pionen) entstehen.

Wenn der Physiker bestimmte physikalische Vorgänge berechnet, muß er meistens von vereinfachten Modellen ausgehen, da sonst eine Berechnung unmöglich wäre. Das er dabei einen Fehler macht, liegt in der Natur der dabei gemachten Vereinfachung. Welche Auswirkungen der Fehler hat, stellt man meistens nur durch das Experiment fest.

Deshalb sprechen Physiker von Modellen. Modelle sind anschauliche Hilfsvorstellungen oder Denkbrücken, um komplexe physikalische Zusammenhänge zu vereinfachen und Gesetzmäßigkeiten oder Prinzipien klar zu machen.

Ergeben allerdings die Berechnungen auf Grund der Modellvorstellungen erhebliche Widersprüche zum Experiment, so muß das Modell verändert oder verfeinert werden.

Mein Lieblingsbeispiel, der elektrische Strom, verhält sich zum Beispiel nur in ganz engen Bereichen linear zur Spannung, weil der Widerstand einer elektrischen Leitung mit der Temperatur, der Frequenz und der Geschwindigkeit, wie ich beweisen möchte, größer wird. Der elektrische Widerstand einer Glühbirne beträgt im kalten Zustand etwa 60 Ohm. Kurz nach dem Einschalten wächst er rasch auf das 10fache, weshalb die Stromstärke beim Einschalten sehr hoch ist, innerhalb von Millisekunden jedoch stark sinkt. Die mathematische Beschreibung dieser Widerstandsänderung ist sehr kompliziert, aber in bestimmten Bereichen vernachlässigbar klein.

Kurz: Ein Modell ist eine vereinfachte Vorstellung komplexer physikalischer Gesetzmäßigkeiten, in der Hoffnung, daß der dabei gemachte Fehler vernachlässigbar klein ist.

Im Ingenieurbereich versteht man unter Modellen die Miniaturausführung, zum Beispiel, eines Bauwerkes oder Fahrzeuges.

Auch hier hat man das Problem, daß das Modell nur annähernd der Wirklichkeit entspricht. Denn ein Miniaturflugzeug

verhält sich beim Fliegen doch etwas anders, als ein großes Passagierflugzeug.
In der Fahrzeugtechnik verwendet man Modellpuppen, sogenannte Dummys, um gefahrlos Unfallszenarien zu testen.

In der Pharmazie dienen sogar Tiere als geeignetes Modell für den Menschen, um neue Medikamente zu testen.

Die Relativitätstheorie befaßt sich nur mit einer der 4 Elementarkräfte, nämlich der „relativ schwachen" Gravitation oder auch Schwerkraft.

Die Quantentheorie erklärt die 4 Elementarkräfte der Physik durch Wechselwirkungen von Elementarteilchen, die praktisch aus dem Nichts entstehen und als virtuelle (scheinbare) Teilchen bezeichnet werden, weil sie von einem Teilchendetektor nicht erkannt werden können.

Zur Zeit wird fieberhaft nach einer fünften Elementarkraft, nämlich der von Einstein vorhergesagten Anti-Gravitation, gesucht. Das geht soweit, daß klassische Experimente, wie der Fall einer Eisenkugel und Feder im Vakuum neu untersucht werden, weil einige Wissenschaftler glauben, daß die Feder vielleicht doch etwas anders fällt als die Eisenkugel.

Es gibt auch Wissenschaftler, die glauben, daß die Gravitation bei sehr kleinen Abständen wesentlich stärker wirkt, als wir es gewohnt sind.

Fazit
Die Vereinfachung ist eine der wichtigsten Waffen der Physik, um die Natur zu beschreiben und zu begreifen!

Zeit – die vierte Dimension

Lösen Sie folgendes Rätsel:

Zwei Züge rasen auf demselben Gleis entgegengesetzt in einen Tunnel, trotzdem stoßen sie nicht zusammen.

Warum?

Nun, weil vielleicht der eine morgens und der andere erst nachmittags in den Tunnel fährt.

Anhand dieses klassischen Rätsel wird einem schnell klar, daß Zeit eine weitere Dimension darstellt.

Die Mystik um die Zeit in bezug auf die Relativitätstheorie rührt im wesentlichen von der Mehrdeutigkeit des Zeitbegriffs.

Während im allgemeinen unter Zeit *„Vergangenheit"*, *„Gegenwart"* und *„Zukunft"* verstanden wird, versteht der Physiker unter Zeit die *Dauer eines physikalischen Vorganges*, die man auch als *Zeitdauer* bezeichnet.

Ähnliche Verwirrung gibt es um den Begriff *Schock*.

Während das Bedeutungswörterbuch *Schock* als den Zustand stärkster seelischer Erschütterung erklärt, verstehen Mediziner unter dem Begriff *Schock* den Zustand eines Menschen nach stärkstem Blutverlust.

Ich habe schon mehrfach **erfolglos** versucht, einen Mediziner von der anderen Bedeutung des Begriffs zu überzeugen. Allerdings hatte ich nie das Bedeutungswörterbuch dabei.

Genauso schwierig wird es sein, einem Physiker eine neue Bedeutung des Begriffs *Zeit* näher zu bringen. Das Bedeutungswörterbuch kennt für die Erklärung des Begriffs *Zeit* 3 Varianten.

1. Ablauf der Sekunden, Stunden, Tage, Jahre usw.
2. Abschnitt in einer (historischen) Entwicklung
3. bestimmte Zeitpunkte eines Tages, Jahres usw.

Die Menschen haben einen Tag als die vollständige Umdrehung der Erde um ihre Achse definiert. Eine Sekunde ist der 1/86400 Teil einer Erdumdrehung.

Die Definition der Zeit hat also historische Gründe, die unter dem Aspekt verstanden werden müssen, daß die Menschen als erstes das Naheliegendste zur Zeitmessung benutzten, nämlich die Umdrehung der Erde um ihre Achse. Jeder konnte sehr leicht anhand der vergangenen Tage eine bestimmte Dauer für zwei auseinanderliegende Ereignisse angeben. Mein Sohn hat schon mit 2,5 Jahren begriffen, daß er erst wieder Schokolade bekommt, wenn die Sonne das nächste Mal aufgegangen ist.

Messen heißt prinzipiell:

Vergleichen mit geeichten Meßinstrumenten

Mißt man die Zeit, die ein bestimmter physikalischer Vorgang benötigt, vergleicht man seine Dauer letztendlich mit der Erdumdrehung.

Galilei hatte die Zeit über Wassergefäße, die er vollaufen ließ, gemessen. Heute messen wir die Zeit oft über elektronische Uhren. Die Wassergefäße wurden durch Kondensatoren, das Durchlaßventil durch Widerstände, ersetzt. Der Fluß des Stroms entspricht dem Fluß des Wassers.

Die Geschwindigkeit, mit der sich die Erde dreht, schwankt jedoch ziemlich stark. Um eine Sekunde weltweit genau zu definieren, greift man auf die hohe Schwingungsgenauigkeit von Cäsium-Atomen mit der Atommasse 133 zurück, die das Herzstück einer Atomuhr darstellen. 9.192.631.770 Schwingungen entsprechen einer Sekunde.

Im Grunde funktioniert eine Atomuhr nicht viel anders als eine Pendeluhr. Atomuhren basieren auf der Tatsache, daß Elektronen mit einer bestimmten Resonanzfrequenz Energie absorbieren und wieder abgeben, also durch Anregung sehr periodisch ihre Bahn um den Atomkern wechseln.

Durch diese Messung ist die Zeit jedoch nicht präziser geworden; Geschwindigkeiten können nur genauer miteinander verglichen werden, weil die Geschwindigkeit, mit der die Elektronen in einer Atomuhr Energie aufnehmen und wieder abgeben, **unter genau festgelegten Bedingungen, nahezu konstant** ist. Denn auch Atomuhren haben Gangungenauigkeiten.

Die Messung der Zeit ist letztendlich also ein Vergleich von Geschwindigkeiten.

Die *Allgemeine Relativitätstheorie* behauptet, daß sich die Geschwindigkeit aller physikalischen Vorgänge mit der Gravitation und der Geschwindigkeit eines Systems verringert.

Fazit
Der Physiker versteht unter *Zeit*, die Dauer eines physikalischen Vorganges und nicht *Vergangenheit, Gegenwart und Zukunft*!

Die Synchronisation der Zeit

Noch vor hundert Jahren nahm man es nicht so genau mit der Zeit. Man dachte in Stunden nicht in Sekunden. Das lag natürlich auch an der Unmöglichkeit genaue Uhren zu bauen.

Mit der Entwicklung der Quarzuhr 1929 änderte sich das drastisch. Immer genauer konnte man Uhren aufeinander abstimmen. Heute ärgert man sich über Zugverspätungen im Minutenbereich. Viele besitzen eine genaue Funkuhr, die sich ständig mit der Atomuhr in Braunschweig synchronisiert.

In der Datentechnik ist eine extrem genaue Zeitsynchronisation von Sender und Empfängern notwendig. Man nennt das Taktung.

Wenn zum Beispiel zwei Computer miteinander Daten austauschen möchten, müssen beide Rechner synchron, daß heißt mit der selben Geschwindigkeit, laufen.

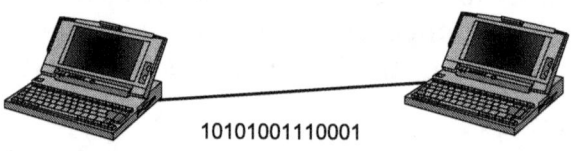

Bild: Datenaustausch zwischen Computern

Stellen Sie sich vor, der eine Rechner sendet mit einer Geschwindigkeit von 9600 bit/sec, während der andere mit 2400 bit/sec empfängt. Der Rechner auf der Empfangsseite würde nur Datenmüll empfangen, weil er 3 Bits für eines hielte.

Häufig wird eine Zeitsynchronisation beider Rechner dadurch erreicht, daß ein Rechner den Takt vorgibt, und der andere sich anpaßt.

Die Gangunterschiede zwischen den Rechnern entstehen im allgemeinen nicht durch Effekte, wie sie die Relativitätstheorie voraussagt, sondern einfach, weil die Taktgeber der Rechner nicht genau genug arbeiten und nicht wissen können, wann der andere zu senden beginnt.

Das ist jedoch anders bei dem bekannten Satellitennavigationssystem GPS. Da die Taktgeber in den Satelliten auf Grund ihrer hohen Geschwindigkeit langsamer laufen als auf der Erde, was durch den Effekt des geringeren Gravitationsfeldes jedoch mehr als ausgeglichen wird, müssen die Gangunterschiede zwischen Satellit und Erdempfangsstation ständig synchronisiert werden.

Insgesamt verkürzt sich die Zeit im Satelliten um etwa 38 Mikrosekunden pro Tag. Hier wird deutlich, daß die Physik eigentlich Geschwindigkeit meint, wenn sie von Zeit redet.

Gemäß *Relativitätstheorie* soll es **prinzipiell** unmöglich sein, die Gangunterschiede in einem Satelliten zu kompensieren, da er ein eigenes Raum-Zeit-System darstellt. Trotzdem bin ich der Meinung, daß man über die Messung von Magnetfeldern eine Steuereinheit bauen können müßte, die die Uhr eines Raumschiffes mit einer Uhr auf der Erde synchronisieren könnte. Ein entsprechendes Patent habe ich hierzu bereits angemeldet. Mehr dazu jedoch im Kapitel „*Der relative Widerstand*".

Fazit
Eine Synchronisation der Zeit ist schon heute in der Datentechnik wichtig!

Die Zeit einfrieren

Der Mensch versucht mit allen Mittel seine Temperatur zwischen 36 bis 38°C zu halten. Wenige Grad darüber oder darunter können den Tod bedeuten. Die Temperatur hat mehr Einfluß auf unser Leben als alles andere.

Es ist bekannt, daß Kinder, die im Winter in einen zugefrorenen See eingebrochen waren, selbst nach 30 Minuten unter Wasser, wiederbelebt werden konnten. Der plötzliche Kälteschock hat für sie die Zeit angehalten.

Viele Tiere können durch einen Winterschlaf ihren Stoffwechsel so verlangsamen, daß ihre Energie für den ganzen Winter reicht.

Auch der Mensch verlangsamt seinen Stoffwechsel im Schlaf. Wir sind dann sozusagen im Stand-By-Mode. Der Ruhepuls beträgt normalerweise 60 Herzschläge pro Minute, während man nach dem Aufstehen schnell auf 80 Herzschläge pro Minute kommt.

In Afrika gibt es sogar Lungenfische, die sich in der Trockenzeit aus Mangel an dem kühlen Naß in den Schlamm wühlen und dort mehrere Jahre auf den nächsten Regen warten, um dann bei der nächsten Überschwemmung in ihren See zurückzukehren.

Am einfachsten, Generationen zu überleben, ohne dabei selbst zu altern, ist wohl das Einfrieren.

Daß das funktioniert, beweisen uns schon jetzt Tiere, wie zum Beispiel nordamerikanische Schildkröten und die kanadische Strumpfbandnatter und insbesondere Insekten, wie Fliegen, die über den Winter von der Kälte eingefroren werden. Im Gegensatz zu Tieren, die nur einen Winterschlaf machen, hört bei den Schildkröten sogar das Herz auf zu schlagen.

Tiere, die den Einfriertrick beherrschen, produzieren ihr eigenes Frostschutzmittel. Dabei handelt es sich um eine konzentrierte Zuckerlösung im Blut.

Unschlagbar, was das Überleben durch Einfrieren betrifft, sind allerdings Bakterien und Pilze. Sie überleben Jahrtausende, um bei Wärme wieder aktiv zu werden. Pilzsporen können sogar in den kalten Weltraum vordringen. Vielleicht sind es einmal Pilzsporen, die anderen Planeten im Universum von dem Leben auf der Erde berichten.

In Amerika lassen sich Menschen nach ihrem Tod einfrieren, weil sie glauben, man könnte sie irgendwann wieder ins Leben erwecken. Einige lassen auch nur ihren Kopf einfrieren, weil sie glauben, daß in der Zukunft die Bereitstellung eines neuen Körpers kein Problem sein wird. Und außerdem ist es viel billiger nur den Kopf einzufrieren.

Später werde ich zeigen, daß die Zeitdehnung gemäß Relativitätstheorie einer Art *Einfrierung aller physikalischen Vorgänge* sehr ähnlich ist.

Es scheint, als hänge die Zeit mehr von der Umgebungstemperatur als von der Geschwindigkeit, mit der wir uns durch das Universum bewegen, ab.

Fazit
Tiere beherrschen den Trick, die Zeit für sich einzufrieren!

Eine neue Definition der Zeit

In den letzten Kapiteln habe ich gezeigt, daß gemäß Relativitätstheorie die Zeit stark mit der Masse verknüpft ist. Einstein kreierte den Begriff der sogenannten Raum-Zeit. Demnach verbiegt Masse Raum und Zeit. Ich habe in diesem Buch stets betont, daß die Physik unter Zeit eigentlich die Dauer von physikalischen Vorgängen bzw. Geschwindigkeiten versteht.

In Physikbüchern wird deshalb t als Zeitdauer bezeichnet. Ich bin der Meinung, daß die Verwirrung um die Relativitätstheorie in der Betrachtungsweise der Zeit besteht. Es ist in vielerlei Hinsicht ungünstig, die Zeit über ein Masse-Schwingsystem, wie einer Atomuhr, zu definieren. Man definiert die Stromstärke ja auch nicht über einen Amperemeter.

Ein alter Spruch aus der Meßtechnik heißt:

„Wer mißt, mißt Mist!"

Das Dilemma in der Physik fängt mit der Definition der Länge an. Ein Meter ist definiert als die Strecke, die Licht im Vakuum in (1/299 792 458) Sekunden zurücklegt. Eine Sekunde ist wiederum als 9 162 631 770 Schwingungen eines unter genau festgelegten Bedingungen abgestrahlten Lichts eines Cäsium-Atoms definiert. Bei einem Lichtjahr handelt es sich auch nicht etwa um eine Zeitdauer, sondern vielmehr um die Strecke, die Licht in einem Jahr zurücklegt.

Was für ein Quatsch!

Man definiert die Länge über die Zeit, die relativ ist, weil Masse Raum und Zeit verbiegt. Wie könnte man die Zeitdauer unabhängig von dem Meßinstrument Atomuhr definieren?

Das Licht hat auch gemäß Relativitätstheorie unbestritten im ganzen Universum eine konstante Geschwindigkeit[17], nämlich 299 792,458 km/sec. Ein Photon (Lichtteilchen) unterliegt keinerlei Trägheit. Es fliegt sofort mit Lichtgeschwindigkeit los.

Die Lichtgeschwindigkeit ist eine universelle Naturkonstante und bietet sich daher für die Definition der Zeitdauer an, denn Geschwindigkeit ist als Quotient aus Weg und Zeit definiert.

Man muß sich einfach von der Vorstellung lösen, daß Zeit und Materie miteinander verknüpft seien. In Wirklichkeit haben Zeit und Materie nichts miteinander zu tun. Mit anderen Worten: *Es gibt auch Zeit im materielosen Raum.* Daß es einen Raum, das Universum gibt, egal, wie der auch strukturiert sein mag, setze ich voraus. Hiernach kann eine Sekunde einfach definiert werden, als die Dauer, die Licht für 299 792,458 km benötigt.

$$1\ \text{Sekunde} = \frac{299\ 792{,}458\ \text{km}}{\text{Lichtgeschwindigkeit im Vakuum}}$$

Nach dieser Definition ist die Zeitdauer von Materie unabhängig, weil sich Licht auch im materielosen Raum ausbreitet und keinerlei Trägheit unterliegt. Alle physikalischen Vorgänge können mit dieser Zeitdauer verglichen werden.

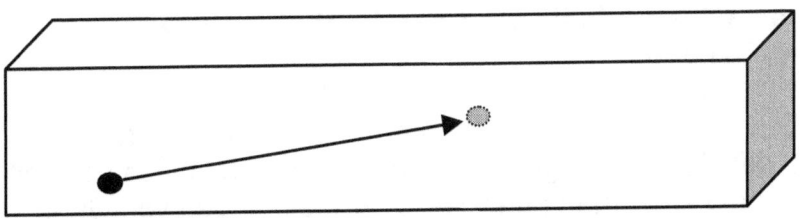

Bild: Ein Teilchen bewegt sich maximal mit Lichtgeschwindigkeit im Raum.

---

[17] Hierfür gibt es wenigstens zur Zeit keine gegenteiligen Experimente.

Diese Definition der Zeitdauer macht klar, warum kein Teilchen zugleich an zwei Orten sein kann. Weil es nämlich mindestens die Zeit benötigt, die Licht braucht, um von dem einen Ort an den anderen zu gelangen.

Im Gegensatz zur Quantentheorie ist diese Zeiteinteilung analog, daß heißt, jeder Zwischenwert ist mit beliebiger Genauigkeit möglich. Gemäß Quantentheorie können Ereignisse zeitlich so dicht beisammen liegen, daß sie zeitlich nicht voneinander getrennt werden können.

Unsere Zählung der Zeit beginnt mit dem Urknall vor 15 Milliarden Jahren, als die Energie sich angeblich im Universum auszubreiten begann. Die Wissenschaft weiß nicht, ob vor dem Urknall auch schon eine Zeit existiert hat und diskutiert rege die Frage, ob das Universum einen zeitlichen Anfang und ein zeitliches Ende hat. Die Strecke, die das Licht bis heute im Universum zurückgelegt hat, ist ein Maß für die Zeit, die bisher vergangen ist. Ein Blick in den Himmel ist ein Blick in die Vergangenheit. Eine Vergangenheit, die schon Milliarden Jahre zurückliegt.

Zeit ist unabhängig von einem noch so präzise schwingenden Atom. Da mit der Zeit die Unordnung (das Chaos) im Universum ständig zunimmt, ist das Zurückgehen in der Zeit unmöglich. Denn das hieße, ohne Energieaufwand Ordnung zu schaffen.

Und das widerspricht dem Energieerhaltungssatz der Thermodynamik.

Die Tatsache, daß auch Atomuhren Gangunterschiede haben, macht deutlich, wie ungeeignet eine Uhr zur Definition der Zeit ist. Deshalb kann man prinzipiell über Messungen von Gangunterschieden nicht auf verschiedene Raum-Zeit-Systeme schließen. Man kann so lediglich beweisen, daß die Uhr unter bestimmten Bedingungen schneller oder langsamer läuft. Das kann man aber auch erreichen, indem man die Uhr in den Kühlschrank legt.

Zeit stellt sich somit als Oberbegriff für 3 Teilbereiche dar:

Universelle Zeitpunkte

Durch die irreversible Zunahme der Unordnung im Universum entstehen Vergangenheit, Gegenwart und Zukunft. Ein Zurückgehen in der Zeit ist unmöglich, weil Zeit asymmetrisch ist.

Universelle Zeitdauer

Die endliche Ausbreitungsgeschwindigkeit von Licht bzw. Energie definiert die universelle Zeitdauer. Licht benötigt für eine bestimmte Strecke eine bestimmte Zeitdauer, weil es sich mit einer endlichen Geschwindigkeit fortpflanzt.

Dauer eines physikalischen Vorganges

Die Dauer eines physikalischen Vorganges bewegt sich zwischen 0 Sekunden und unendlich. Wenn wir die Dauer eines physikalischen Vorgangs messen, vergleichen wir diesen mit der Zeitdauer, die Licht für eine bestimmte Strecke benötigt.

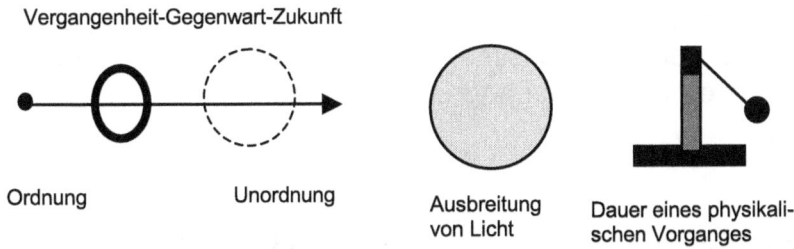

Bild: Die Zeit deckt 3 Teilbereiche ab.

Zeit existiert also nicht wirklich als echte Dimension, an der man sich entlang bewegen kann, wie eine Spinne, die eine

Wand hoch- bzw. hinunterklettert. Vielmehr handelt es sich bei Zeit um die Erkenntnis, daß Teilchen nicht an 2 Orten zugleich sein können, und Ereignisse mit einer maximalen Geschwindigkeit in einer bestimmten Reihenfolge ablaufen, wobei die Unordnung irreversibel wächst, so daß Vergangenheit, Gegenwart und Zukunft entstehen.

Die Zeitdauer wird durch die maximale Geschwindigkeit, die Licht erreichen kann, definiert und ist prinzipiell unabhängig von Materie und für das ganze Universum einheitlich.

Die Dauer von physikalischen Vorgängen, die **irreführenderweise** auch als Zeit bezeichnet wird, ist, im Gegensatz zur universellen Zeit, stark mit der Masse und damit der Trägheit des Systems verknüpft.

Physiker, die den zeitlichen Anfang mit dem Urknall verbinden, können sich Zeit im materielosen Raum nicht vorstellen. Sie weichen der Frage aus, was vor dem Urknall war. Der Urknall selbst ist ein Axiom und damit nicht bewiesen. Das Universum könnte auch anders entstanden sein.

Die Relativitätstheorie vermischt alle 3 Zeitbegriffe zu einem, was gegen den gesunden Menschenverstand verstößt, weil sie im physikalischen Sinn nichts miteinander zu tun haben.

Die **Lebenszeit eines Menschen** hängt nicht direkt linear mit der Dauer von physikalischen Vorgängen zusammen und soll im nächsten Kapitel behandelt werden.

Fazit
Eine Sekunde sollte als die Dauer, die Licht für 299 792,458 km benötigt, definiert werden!

Die Dehnung der Lebenszeit

Die biologische Uhr

Unsere biologische Uhr teilt den Tag in 23-25 Stunden und die Menschen in Frühaufsteher und Langschläfer ein. Hormone lassen uns in Abhängigkeit von dem Sonnenlicht morgens wach und abends müde werden.

Wir kommen je nach Alter mit 6-12 Stunden Schlaf pro Tag aus. Je älter wir werden, desto weniger Schlaf benötigen wir. Das Gehirn eines Kindes erbringt jeden Tag Höchstleistung und benötigt deshalb mehr Schlaf. Beim Schlafen schaltet sich unser Bewußtsein ab und erholt sich für den nächsten Tag.

Wie sehr wir an den täglichen Rhythmus gewöhnt sind, beweist das sogenannte Jet-Lag, das uns zu schaffen macht, wenn man über zu viele Zeitzonen hinweg geflogen ist. Erst Tage später können wir uns an den neuen Tagesrhythmus gewöhnen. Pro Tag läßt sich unser Rhythmus nur um etwa 1 Stunde problemlos verschieben.

Das Leben ist gefährlich und in jedem Fall tödlich. Die durchschnittliche Lebenszeit von Menschen hat sich durch die verbesserten Lebensbedingungen, die Erfolge der Medizin und die gute Ernährung in den Industrieländern insbesondere in den letzten hundert Jahren stark erhöht, so daß heute zutage die Menschen in Deutschland durchschnittlich fast 80 Jahre werden. Um 1800 betrug die Lebenserwartung nur etwa 30 Jahre und in der Vorzeit nur 25 Jahre.

Für uns Menschen spielt die Lebenszeit eine wichtige Rolle. Wir merken sehr früh, daß wir nicht unendlich lange leben, sondern im Normalfall nach Ablauf unserer biologischen Uhr sterben müssen. Die biologische Uhr tickt für jeden Menschen jedoch individuell. Die Abweichung zwischen biologischem und tatsächlichem Alter kann leicht 10 Jahre betragen.

Wie hoch ist die maximale mögliche Lebenszeit, und wodurch ist sie begrenzt?

Das höchste erreichbare Alter für einen Menschen scheint bei 120 Jahren zu liegen. Vielfach wurde über Menschen, die dieses Alter erreicht haben, berichtet. Forscher meinen, daß Menschen aber auch gut 300 Jahre werden könnten.

Insgesamt meinen Forscher, daß das Sterben wahrscheinlich genetisch bedingt ist, um den nächsten Generationen Platz zu machen und der Art eine möglichst gute Anpassung an den Lebensraum möglich zu machen.

Mit dem Generationswechsel geht eine Mischung der Gene einher. Die neuen Zellen bestehen zu 50% aus Genen der Mutter und zu 50% aus Genen des Vaters.

Lebewesen mit raschem Generationswechsel passen sich viel besser an geänderte Lebensumstände an als Lebewesen mit langem Generationswechsel und sichern dadurch das Fortbestehen der Art.

Die Kakerlake ist ein Paradebeispiel für gute Anpassung über rasche Generationswechsel. Sie paßt sich sogar an radioaktive Strahlung an und überlebt so einen atomaren Krieg.

Bakterien können zum Beispiel durch Zellteilung sehr schnell immun gegen Antibiotika werden.

Das Altern und Ableben hat sich also über die Evolution als Notwendigkeit zur Arterhaltung durch Anpassung an geänderte Lebensräume herausgebildet.

Vorrat an Lebensenergie

Wissenschaftler meinen, daß alle Lebewesen einen bestimmten Energievorrat haben. Wenn dieser Energievorrat verbraucht ist, muß das Lebewesen sterben.

Tiere, wie die Schildkröte oder das Faultier, werden älter, weil sie mit ihrer Energie sparsamer als andere Lebewesen umgehen. Das Faultier verbraucht bei Aktivität immer noch nur halb soviel Energie wie ein durchschnittliches Säugetier.

Der Kolibri, der kleinste aller Vögel, hat den schnellsten Stoffwechsel aller Tiere. Sein Herzschlag schlägt 1200 mal pro Minute, also etwa 15 mal schneller als beim Menschen.

Seine Flügel schlagen so schnell, daß sie nur schemenhaft zu sehen sind. Wegen dem summenden Flügelschlag nennen ihn die Amerikaner *Hummingbird*. Wer so ein schnelles Leben führt, lebt nicht lange. Denn er verbraucht im Verhältnis zu seiner Größe mehr Sprit als ein Düsenjäger. Bei schlechtem Wetter, wenn seine Nahrungsaufnahme behindert ist (er tankt normalerweise nur Super, daß heißt zuckerhaltigen Blütennektar), verfällt er in eine Starre, um seinen Stoffwechsel zu verringern und Treibstoff zu sparen.

Die Lebenszeit von Tieren läßt sich experimentell verlängern. So wurde im Frühjahr 1994 berichtet, daß Fliegen um etwa 40 % länger leben, wenn man in ihren Zellen gleichzeitig den Gehalt an Superoxid-Dismutase und Katalase erhöht.

Jüngste Untersuchungen zeigen, daß Mäuse und Ratten 30 bis 60 % länger leben, wenn ihr Kalorienverbrauch reduziert wird.

Reptilien, wie Krokodile, schaffen zum Beispiel durch einen deutlich langsameren Stoffwechsel, daß sie weit älter als die hektischen Säugetiere werden. Außerdem benötigen sie dadurch nur einmal in 2 Jahren etwas zu fressen.

Wenn ein so hoher Energieverbrauch das Leben verkürzt, warum hat sich in der Natur diese Verschwendung überhaupt herausgebildet?

Nun, weil Energiesparen das Leben kosten kann. Tiere mit langsamem Stoffwechsel sind langsam. Und das nutzen andere Tiere aus, die schneller sind. Die Tiere sind also eigentlich nur so schnell, wie sie sein müssen, um zu überleben.

Der Mensch könnte sich dieses Wissen in der Raumfahrttechnik zu Nutze machen, indem er seine biologische Uhr durch Einfrieren zum Stillstand bringen könnte. Vielleicht kann man in der Zukunft tatsächlich irgendwann Menschen einfrieren und nach 50 oder 500 Jahren wieder zum Leben erwecken. Genügend Literatur und Filme zu diesem Thema gibt es ja schon.

Mein Tip: Werden Sie ruhiger, dann leben Sie länger. Das ist wissenschaftlich erwiesen.

Freie Radikale

[18]Seit Beginn des 20. Jahrhunderts ist bekannt, daß die Lebenszeit verschiedener Säugetierspezies umgekehrt proportional dem Sauerstoffverbrauch pro Einheit Körpergewicht ist. In den letzten Jahren fand man heraus, daß Langlebigkeit einer Spezies mit einer geringen Sauerstoffradikalproduktion einhergeht.

Ist deshalb Sport ungesund?

Wenn wir Sport treiben, reagiert der Körper auf den steigenden Energiebedarf mit erhöhtem Sauerstoffverbrauch und erhöhter ATP-Produktion in den Mitochondrien. Man findet klare Anzeichen für eine generelle oxidative Belastung des Körpers während und nach sportlicher Betätigung. Da mitochondrialer Sau-

---

[18] Gemäß eines Artikels von Dr. Christoph Richter

erstoffverbrauch mit der Bildung von Sauerstoffradikalen einhergeht, sollte Sport zu einer erhöhten oxidativen Belastung der mitochondrialen DNA und damit zu einem vorzeitigen Altern führen. Untersuchungen an Tieren und mit Zellkulturen legen nahe, daß mäßige und **vorübergehende oxidative Belastung beim Menschen die Lebenszeit verlängert** und das Auftreten der das Altern begleitenden Krankheiten hinauszögert.

Prinzipiell scheinen im Laufe des Lebens unsere Zellen unbarmherzig durch Radikale zerstört zu werden.

Während in jungen Jahren, die Radikale vom Körper sehr gut eingefangen werden, bevor sie Schaden anrichten können, läßt die Bekämpfung der Radikale später im Leben nach. Freie Radikale werden für die Parkinson-Krankheit verantwortlich gemacht, bei der bestimmte Zellen geschädigt werden. Forscher meinen, daß die Bekämpfung der Radikale über ein Gen gesteuert wird.

Telomere - unsere Lebensuhr

Forscher haben beobachtet, daß sich bei der Zellteilung, die Chromosomenenden (Telomere) mit der Zeit verkürzen. Dies scheint ein eingebauter Mechanismus zu sein, der unsere Lebenszeit begrenzt.

Das Kopieren der Zelle ist genetisch bedingt fehlerhaft und führt im Alter dazu, daß die Zellen nicht mehr richtig funktionieren bzw. absterben.

Wie bei einem Videoband, dessen Kopie kopiert wird, wird die Qualität bei jedem Kopiervorgang bis zur Unbrauchbarkeit stetig schlechter. Daß Kopieren aber auch ohne Qualitätseinbußen funktionieren kann, beweist uns die Digitaltechnik.

Der Vorteil bei der digitalen Übertragung liegt darin, daß man das Original nicht von der Kopie unterscheiden kann. So kann eine Musik CD ohne Qualitätseinbußen kopiert werden, was die CD-Industrie mit großer Sorge erfüllt. Es ist sogar möglich, ohne Qualitätseinbußen die Musik von irgendeinem Server der Welt über das Internet runterzukopieren, was die CD-Industrie nahezu in den Wahnsinn treibt.

Es gibt eine seltene Krankheit, die Progerie, die durch einen genetischen Fehler Kinder bereits im Babyalter sehr schnell altern läßt. Bei diesen Kindern sind die Telomere von Geburt an zu kurz.

Man hofft nun, daß man durch das Enzym *Telemerase* diese Kopierfehler nachträglich reparieren kann, so daß die Zellteilung bis ins hohe Alter funktioniert.

Dies wäre dann der erste Schritt unendliches Leben zu ermöglichen. Von der Petrischale zur echten Anwendung beim Menschen ist jedoch noch ein langer Weg.

Zellen, die sich unendlich oft teilen, bezeichnet man als Krebs. Die Gefahr ist also, daß das Enzym *Telemerase* Krebs verursacht, anstatt uns ewiges Leben zu geben.

Der Alterungsprozeß beim Menschen ist ein komplexer Vorgang. Forscher halten es für vorstellbar, durch Manipulation der Gene, den Alterungsprozeß zu verlangsamen. Es gibt sogar weiße Mäuse, die die Fähigkeit haben, sich selbst zu regenerieren. Stanzt man ihnen Löcher in die Ohren, was ihnen nicht weh tut, dann wachsen diese Löcher ohne Narbenbildung wieder zu. Sie können selbst ihre Wirbelsäule regenerieren, wenn man ein Stück davon entfernt, was den Mäusen bestimmt weh tut.

Es gibt auch beim Menschen Organe, die sich regenerieren. Die Haut bildet sich zum Beispiel ständig neu. Die Leber kann sich regenerieren, selbst wenn von ihr 70% entfernt werden.

Die Lungen eines Rauchers haben sich nach 10 Jahren völlig regeneriert, und selbst das Gehirn regeneriert sich ein Leben lang. Forscher halten es für möglich, daß sich in Zukunft alle unsere Organe regenerieren lassen.

Stellen Sie sich vor, Ihnen würden dauernd die Zähne nachwachsen, wie es bei Haien der Fall ist (natürlich nicht mehrreihig).

Ewiges Leben ist von der Natur nicht gewünscht.

Die Erhaltung der Art war in den letzten Millionen Jahren wichtiger als ein langes Leben des Individuums.

Fazit
Der Alterungsprozeß ist genetisch vorbestimmt und wird von äußeren Umständen beeinflußt!

Der Massendefekt - Die Masse ist weg!

Wenn Protonen und Neutronen fusionieren, werden sie insgesamt leichter, weil ein Teil ihrer Energie in Form von Bindungsenergie gespeichert wird, die nichts wiegt.

Für den Massendefekt gilt:

$$\Delta m = Z\, m_p + N\, m_n - m_K$$

Δm	Massendefekt
m_p	Masse eines Protons
m_n	Masse eines Neutrons
m_K	Masse des vollständigen Kerns
Z	Zahl der Protonen
N	Zahl der Neutronen

Die Masse eines Atomkerns ist etwas kleiner als die Summe der Masse seiner Elementarteilchen.

Deuteron (schwerer Wasserstoff, der im Kern ein Proton und ein Neutron besitzt) müßte zum Beispiel einen Massenwert von 2,01594 haben, die Masse beträgt tatsächlich jedoch nur 2,01354. Der Rest ist in Bindungsenergie umgewandelte Masse.

Der Massenwert eines Atoms wird auf die Masse eines zwölftel Kohlenstoffatoms bezogen. Die Masse ergibt sich also, indem man den Massenwert mit $1{,}660531 * 10^{-27}$ kg multipliziert.

Aus dem Massendefekt läßt sich deshalb nach der berühmten Formel der Relativitätstheorie die Bindungsenergie berechnen.

$$E_B = \Delta m \, c_0^2$$

E_B Bindungsenergie
Δm Massendefekt
c_0 Lichtgeschwindigkeit im Vakuum

Bei der Fusion von Atomkernen wird Energie frei. Tatsächlich verliert die Sonne jeden Tag eine große Menge an Masse durch reine Abstrahlung von Licht. Bei der Verschmelzung von schwerem Wasserstoff zu Helium wird aus Masse Energie erzeugt, die in Form von elektromagnetischen Wellen abgestrahlt wird.

$$^2_1H + {}^2_1H \Rightarrow {}^3_2He + {}^1_0n + 3{,}2 \text{ MeV}$$

Zur Erklärung der Indizes:

$$^A_Z \text{Element}$$

A   Massenzahl, die die Zahl der Protonen + Neutronen angibt
Z   Ordnungszahl, die die Zahl der Protonen bzw. Elektronen angibt
H   Wasserstoff
He   Helium
n   Neutron
MeV   Megaelektronenvolt

Masse ist gespeicherte Energie. Materie besitzt Masse und damit Energie. Der Bau der ersten Atombombe gab Einstein auf tragische Weise recht.

Fazit
Die Sonne verliert ständig an Masse durch Abstrahlung von Licht!

Mehr Masse durch Geschwindigkeit

Jede Materie besitzt Masse. Die Masse eines Körpers ist ein Maß für seine Energie.

Sie äußert sich:

a.) in Form eines Schwerefeldes (Gravitation)
b.) in Form von Trägheit

Einstein folgerte, daß beide Eigenschaften von Masse nicht zu unterscheiden sind. Das kann man sich leicht klar machen, wenn man in einem Flugsimulator sitzt. Durch das ruckartige Kippen der Fahrgastkabine und die visuelle Täuschung über eine Kinoleinwand wird der Eindruck von Beschleunigung und abrupten Bremsen nahezu perfekt vorgetäuscht.

Fahrgastkabine mit Bildschirm

Der Mensch im Flugsimulator wird optisch getäuscht.

Er hält ein Kippen der Fahrgastkabine für eine beschleunigte Bewegung.

Bild: Flugsimulator

Das Grundprinzip der Relativitätstheorie geht davon aus, daß Lichtgeschwindigkeit die höchste erreichbare Geschwindigkeit ist und zwar auch wenn man sich in einem System befindet, das selbst schon eine Geschwindigkeit besitzt.

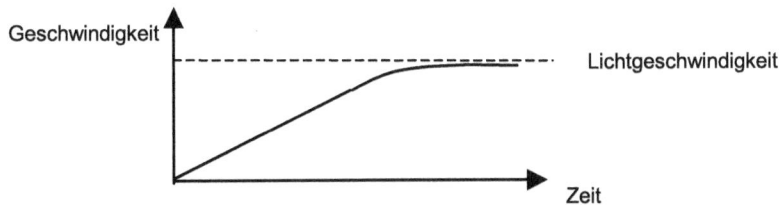

Bild: Lichtgeschwindigkeit ist die höchste zu erreichende Geschwindigkeit.

Bereits 1901, also 4 Jahre bevor Einstein seine *Spezielle Relativitätstheorie* veröffentlichte, hatte der Wissenschaftler Walter Kaufmann entdeckt, daß Elektronen in Ruhe weniger Masse als in Bewegung haben, und zwar ohne Kenntnis der *Spezielle Relativitätstheorie*.

Elektronengeschwindigkeit in km/s	Elektronenmasse in g
$18{,}8 \times 10^2$	$9{,}1 \times 10^{-28}$
$18{,}7 \times 10^3$	$9{,}12 \times 10^{-28}$
$16{,}5 \times 10^4$	$10{,}9 \times 10^{-28}$
$29{,}7 \times 10^4$	$64{,}3 \times 10^{-28}$
Lichtgeschwindigkeit	Unendlich

Tabelle: relativistischer Massenzuwachs

Obwohl Kaufmann basierend auf seinen experimentellen Ergebnissen **eine andere Formel für den relativen Massenzuwachs** angab, setzte sich Einstein später mit seiner Formel, die so gut in das neue relative Weltbild paßte und den relativistischen Massenzuwachs mathematisch erklärte, durch:

$$m = \frac{m_0}{\sqrt{1 - \left[\dfrac{v}{c}\right]^2}}$$

- m Masse eines Teilchen im bewegten System
- m_0 Ruhemasse eines Teilchens
- v Geschwindigkeit des Teilchens
- c Lichtgeschwindigkeit

Wird die Masse größer, weil sich die Zeit dehnt oder dehnt sich etwa die Zeit, weil die Masse größer wird?

Die Microsoft Encarta behauptet, Einstein hätte die Verlangsamung einer Uhr vorausgesagt. In Wirklichkeit war es Kaufmann, der den relativistischen Massenzuwachs feststellte, aber nicht erklären konnte.

Kann Einstein die Zeitdilatation erklären?

Ist die Geschwindigkeit des Lichts wirklich für jeden Beobachter gleich, oder ist die Frequenz und damit auch die Energie eines Lichtstrahls für einen sich auf den Lichtstrahl bewegenden Beobachter größer?.

Warum kann man über den Doppler-Effekt erfolgreich Radarfallen bauen, wenn die Geschwindigkeit für beide Beobachter gleich ist. Ist die Geschwindigkeit für Licht für einen Beobachter etwa doch gleicher?

Ich kann nicht glauben, daß der Massenzuwachs eines Teilchens über einen so großen Geschwindigkeitsbereich, nämlich 0 bis Lichtgeschwindigkeit, einer doch recht einfachen Formel folgt. Selbst die Änderung des elektrischen Widerstandes mit der Temperatur ist schwieriger.

Deshalb halte ich die Formel nur für eine mathematische Näherung an die Wirklichkeit.

Prinzipiell gilt: Wächst die Masse eines Körpers, dann wächst auch seine Trägheit. Je träger ein Körper ist, desto langsamer ist er auch. Selbst ein Elektron mit einer winzigen Masse soll unendlich schwer werden, wenn es Lichtgeschwindigkeit erreicht.

Ein Teilchen verdoppelt seine Masse, wenn es sich mit 87% Lichtgeschwindigkeit bewegt. Die Relativitätstheorie behauptet, daß die Lichtgeschwindigkeit von Teilchen mit einer Ruhemasse größer 0 nicht zu erreichen ist, weil diese dann unendlich schwer würden.

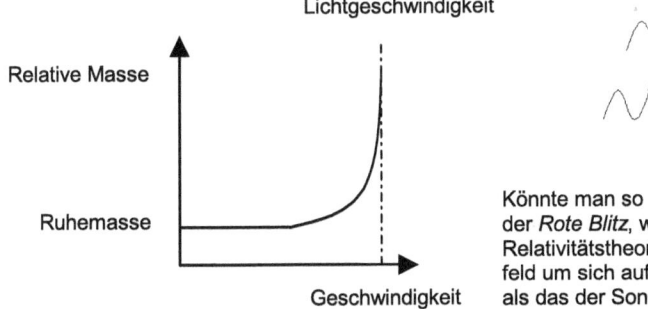

Könnte man so schnell laufen wie der *Rote Blitz*, würde man gemäß Relativitätstheorie ein Gravitationsfeld um sich aufbauen, das größer als das der Sonne wäre.

Bild: Der relativistische Massenzuwachs

Das Licht selbst besteht aus Teilchen ohne Ruhemasse.

Was würde wohl mit einem Raumschiff passieren, das in den Sog eines Schwarzen Lochs geriete, dessen Gravitationskraft so groß ist, daß selbst Licht nicht entkommt? Würde es einfach zu Licht zerstrahlen?

Es gibt Physiker, die behaupten, daß auf Grund der Zeitdehnung am Rand von Schwarzen Löcher das Bild eines Raumschiffes unendlich lange gefangen wäre.

Auf der anderen Seite würde durch die enorme Gravitation das Raumschiff wie ein Gummiband auseinandergezogen werden. Welches Bild soll da zum Schluß gespeichert sein?

Fazit
In der Ruhe liegt die Kraft. Bei Lichtgeschwindigkeit nützt alle Kraft nichts!

Die Zeitdilatation – Die Dehnung der Zeit

Während man im normalen Sprachgebrauch unter Zeit *„Vergangenheit", „Gegenwart" und „Zukunft"* versteht, meint *Zeit* im physikalischen Sinn einfach die *Dauer eines physikalischen Vorganges.*

Unter Zeitdilatation versteht man die relativistische Dehnung der Zeitdauer physikalischer Vorgänge, die mit dem relativistischen Zuwachs an Masse einhergeht.

Da die Messung der Zeit nur indirekt über die Dauer physikalischer Vorgänge durchgeführt werden kann, wäre es richtiger, von einer *Verlangsamung physikalischer Vorgänge* zu sprechen.

Das Verwirrende dabei ist, daß die Verlangsamung aller physikalischen Vorgänge lokal nicht meßbar sein soll, weil alle Uhren auch langsamer gehen.

Man merkt also nicht, daß alles langsamer läuft, weil das Meßinstrument Uhr demselben Effekt unterworfen ist.

Stellen sie sich vor, sie befänden sich in einem Zug, der sich mit annähernder Lichtgeschwindigkeit bewegte.

Ihre relativistische Körpermasse und damit auch ihre Trägheit wären stark gestiegen. Dadurch wäre Bewegen kaum mehr möglich. Jede Ihrer Bewegungen wäre auf Grund der größeren Trägheit nur mit großer Mühe durchzuführen und somit langsamer, so ähnlich als bewegten Sie sich unter Wasser.

Die Systeme, in denen die physikalischen Vorgänge betrachtet werden, heißen *Inertialsysteme* oder *Inertial Frames of Reference* und weisen darauf hin, daß jedes System eine von der Geschwindigkeit abhängige Trägheit besitzt.

Einstein schrieb hierüber einen Aufsatz mit dem Titel: *„Ist die Trägheit eines Körpers von seinem Energieinhalt abhängig?"* und gab für die *Zeitdilatation* folgende Formel an:

$$t = \frac{t_0}{\sqrt{1 - \left[\dfrac{v}{c}\right]^2}}$$

t   Zeitdauer im bewegten System
t_0 Zeitdauer im ruhenden System
v   Geschwindigkeit des Körpers
c   Lichtgeschwindigkeit

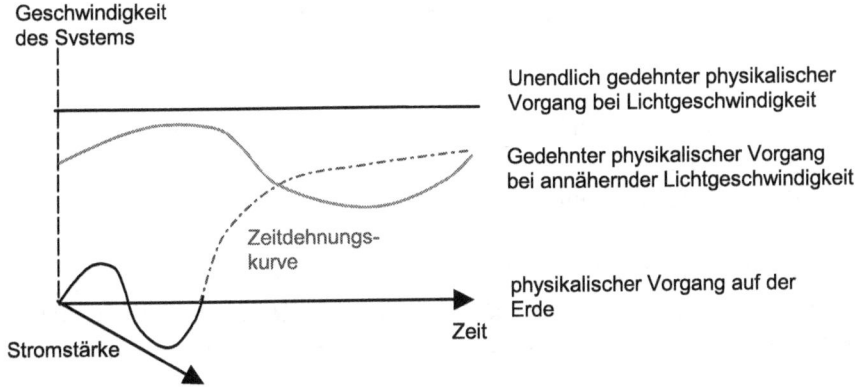

Bild: Verlangsamung physikalischer Vorgänge

Die Zeitdehnungskurve stellt dar, wie physikalische Vorgänge mit wachsender Geschwindigkeit des Systems, in dem sie ablaufen, gedehnt bzw. verlangsamt werden. Setzt man in der Formel für die Geschwindigkeit v Null ein, dann ist der Nenner 1 und die Zeitdauer t entspricht t_0. Setzt man in der Formel für die Geschwindigkeit v die Lichtgeschwindigkeit c ein, dann ist der Nenner 0 und t wird unendlich.

Sie ist der Formel, die den relativistischen Massenzuwachs beschreibt, sehr ähnlich.

Nun, das ist kein Zufall.

Denn Masse und die Dauer von physikalischen Vorgängen hängen ja zusammen.

Denn

> **Kraft = Masse x Beschleunigung**

Wächst die Masse, muß bei konstanter Kraft die Beschleunigung kleiner werden und physikalische Vorgänge dauern automatisch länger. Die Dauer von physikalischen Vorgängen verlangsamt sich um den Faktor 2 bei etwa 87% Lichtgeschwindigkeit.

Reist ein Zwilling beispielsweise mit 87% Lichtgeschwindigkeit durch das Universum und kehrt zur Erde zurück, so wäre der zurückgeblieben Zwilling doppelt so schnell gealtert.

Die Zeitdehnung hat jedoch nichts mit Zeitgewinnung zu tun. Stattdessen verlangsamen sich alle physikalischen Vorgänge, wie zum Beispiel auch der elektrische Strom.

Eine Verlangsamung des elektrischen Stroms bedeutet, daß die Stromstärke abnimmt, weil sich der elektrische Widerstand durch den Massenzuwachs der Elektronen erhöht.

Die Mutter aller Formeln der Elektrotechnik[19] definiert den elektrischen Strom als:

---

[19] Seite 1 meines Taschenbuches der Elektrotechnik mit über 700 Seiten

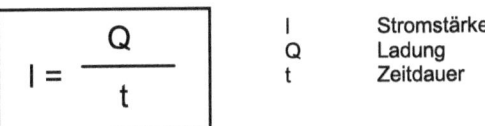

$$I = \frac{Q}{t}$$

I Stromstärke
Q Ladung
t Zeitdauer

Der Strom sinkt um denselben Faktor, um den die Zeit sich dehnt. Für die elektrische Arbeit eines elektrischen Stromkreises gilt:

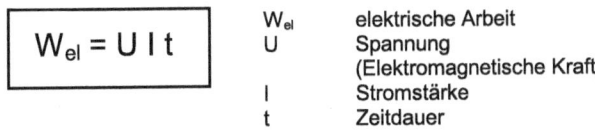

$$W_{el} = U \, I \, t$$

W_{el} elektrische Arbeit
U Spannung (Elektromagnetische Kraft)
I Stromstärke
t Zeitdauer

Da die elektrische Arbeit gemäß Energieerhaltungssatz im ruhenden System genauso groß sein muß, wie im bewegten System, muß im bewegten System weniger Strom fließen, weil sich die Zeit dehnt oder vielmehr, weil sich die Dauer des physikalischen Vorganges vergrößert.

Die Elektronen[20] im bewegten System sind träger, weshalb ihre Beweglichkeit abnimmt, wodurch die Stromstärke sinkt.
Der Strom nimmt also um denselben Faktor ab, wie sich die Zeit dehnt, bzw. wie die Masse der Elektronen zunimmt.

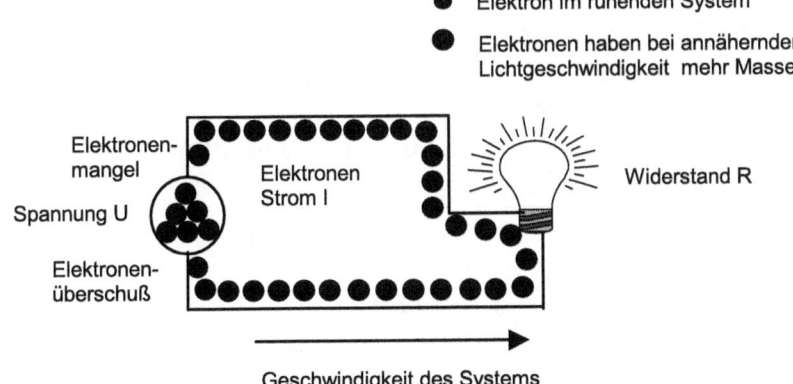

---

[20] Elektronen fließen von − nach +, also entgegen der angenommenen Stromrichtung.

Ein Birnchen würde deshalb für einen außenstehenden Beobachter schwächer leuchten, weil ja weniger Leistung (P=U I) verbraucht wird.

Der lokale Beobachter soll jedoch von dem schwächeren Licht nichts merken.

Kaum vorzustellen!

Ein Kondensator würde sich in dem hyperschnellen Raumschiff nur halb aufladen, und man könnte anhand der kleineren Spannung die Zeitdehnung nachweisen, sobald das Raumschiff auf die Erde zurückgekehrt ist.

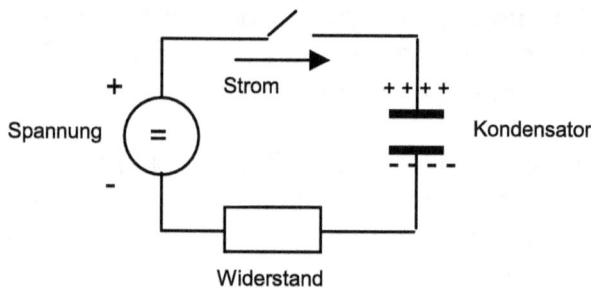

Bild: Ladung eines Kondensators

Denn eine Sekunde könnte man auch als die Zeitdauer definieren, die vergeht, bis ein Kondensator mit der Ladung von 1 Coulomb bei 1 Ampere Stromstärke geladen ist. Ein Coulomb entspricht der Ladung von $6,2 \cdot 10^{18}$ Elektronen.

$$1 \text{ Sekunde} = \frac{1 \text{ Coulomb}}{1 \text{ Ampere}}$$

Fließt weniger Strom, dann dehnt sich die Zeit, bzw. das, was wir für eine Sekunde halten. Für die Frequenz physikalischer Vorgänge gilt:

$$f = \frac{1}{T}$$

f   Frequenz
T   Dauer einer vollständigen Schwingung

$$f = \frac{1}{T_0} \sqrt{1 - \left[\frac{v}{c}\right]^2}$$

$$f = f_0 \sqrt{1 - \left[\frac{v}{c}\right]^2}$$

Die Frage ist, ob die Änderung des Stromes oder die Frequenzverschiebung nicht doch irgendwie lokal meßbar sind?

Wenn ja, dann wäre die physikalische Gleichwertigkeit der Inertialsysteme widerlegt. Dazu im Kapitel *„Der relative Widerstand"* jedoch mehr.

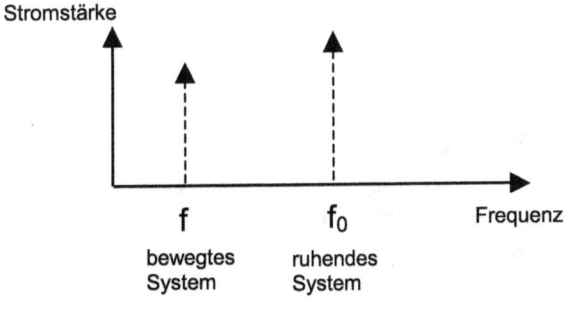

Bild: Frequenzverschiebung gemäß Relativitätstheorie

Der Vollständigkeit halber sei erwähnt, daß sich gemäß *Spezieller Relativitätstheorie* auch die Länge um denselben Faktor verkürzt, um den sich die Zeit dehnt, jedoch nur in Bewegungsrichtung.

Damit ein lokaler Beobachter dieselbe Geschwindigkeit für die Driftgeschwindigkeit der Elektronen mißt, muß sich für ihn die Zeit dehnen und die Länge in Bewegungsrichtung verkürzen. Den erhöhten elektrischen Widerstand könnte man gemäß Relativitätstheorie also auch dadurch erklären, daß die Elektronen öfters an die enger beisammen liegenden Atome stoßen.
Durch diese 3er Konstellation:

Erhöhung der Masse
Dehnung der Zeit
Verkürzung der Länge

ist es möglich, daß ein sich mit nahezu Lichtgeschwindigkeit bewegender lokaler und ein ruhender außenstehender Beobachter für die Geschwindigkeit eines Teilchens immer denselben Wert messen.

Zum Verdauen: Während für den außenstehenden Bebachter die Elektronen in dem Inertialsystem zu stehen scheinen, meint der lokale Beobachter, die Elektronen haben die gewohnte Geschwindigkeit. Dadurch soll es wiederum möglich sein, sich mit annähernder Lichtgeschwindigkeit zu bewegen, ohne daß man davon etwas merkt.

Fazit
Die Zeitdehnung hat nichts mit Zeitgewinnung zu tun, sondern meint die Verlangsamung physikalischer Vorgänge auf Grund des relativistischen Massenzuwachses, von dem man lokal nichts merken soll!

Länger leben auf schweren Planeten

Gemäß Allgemeiner Relativitätstheorie wird zwar nach oben hin die Luft dünner, die Zeit wird aber dicker (gestaucht). Man kann nachweisen, daß Atomuhren in den Bergen schneller laufen, als im Tal, und zwar um ca. 10^{-13} Sekunden pro Kilometer Höhenunterschied bis zu einer Höhe von ca. 30.000 km.

Auf schweren Planeten dauert theoretisch das Leben länger. Allerdings soll man von dieser Dehnung der Zeit nichts merken. Das verhält sich so ähnlich, wie wenn man Reis in Gold tauscht. Da die Erdanziehungskraft abhängig vom Ort ist, wiegt eine bestimmte Menge Gold am Nordpol mehr als am Äquator, weil die Erde durch ihre Rotation am Äquator ausgebeult ist. Da aber der Reis auch entsprechend mehr oder weniger wiegt, ist der Tausch immer gerecht. Problematisch wird das erst, wenn man Gold in Geld umtauscht, da Geld ja nicht nach Gewicht bemessen wird, sondern eine vom Ort unabhängige Maßeinheit ist.

Wenn Sie glauben, daß dieses Beispiel weit hergeholt ist, dann fragen Sie einmal einen Uraneinkäufer, wie genau er es mit der Erdanziehungskraft nimmt. Ein Kilogramm Uran kostet am Südpol nämlich mehr als am Äquator, wenn man das Gewicht einfach durch Wiegen bestimmen würde.

In Schwarzen Löchern, deren Masse unendlich groß sein soll, soll die Zeit stillstehen. Ein Schwarzes Loch verbiegt die Raum-Zeit bis ins Unendliche. Die Wissenschaft nennt das Singularität. Praktisch ist ein Leben auf schweren Planeten unmöglich.

Es spricht viel dafür, daß gerade die verhältnismäßig kleine Masse unserer Erde den blauen Planeten und das Leben überhaupt erst möglich gemacht hat. Entscheidend war natürlich auch der optimale Abstand zur Sonne, sprich die Temperatur und die stoffliche Zusammensetzung der Erde. Über Milliarden von Jahren konnte sich durch das feine Gleichgewicht von Gravitation und elektromagnetischer Kraft eine Atmosphäre bilden und sich das Leben entwickeln. Wäre die Masse der Erde größer gewesen, hätte die Gravitation die Oberhand gewonnen und die Entwicklung von Leben verhindert.

Religiöse Menschen würden sagen, die Schwerkraft ist das Böse[21] und die elektromagnetische Kraft das Gute. Beide Kräfte ringen seit Urzeiten um die Macht. Allerdings sieht es derzeit so aus, als ob die Schwerkraft in jedem Fall siegen wird. Es sei denn, den Menschen fällt vorher etwas sehr Intelligentes ein.

Die optimalen Lebensbedingungen auf der Erde basieren auf einer Zufälligkeit im Universum, die dadurch entstanden ist, daß sich Milliarden von Galaxien gemäß Chaosprinzip gebildet haben. Prinzipiell kann man gemäß dem Chaosprinzip davon ausgehen, daß jede nur denkbare Konstellation durch die Riesenanzahl von Sonnensystemen auch existiert. Genauso wie Sie davon ausgehen können, daß es auf der Welt Menschen gibt, die Ihnen sehr ähnlich sehen, obwohl niemand genetisch identisch mit Ihnen sein wird. Eine genetische Kopie ist einfach zu unwahrscheinlich, obwohl theoretisch denkbar.

Diese Denkweise läßt auch Wissenschaftler glauben, daß es möglich ist, daß es weitere Planeten im Universum gibt, auf denen ähnliche Lebensbedingungen wie auf der Erde herrschen. Allerdings wird die Suche nach solchen menschenfreundlichen Planten schwieriger als die Suche nach einem bestimmten Sandkorn in der Sahara.

Daß das Schwerefeld physikalische Vorgänge beeinflußt, steht außer Frage. So ist die Erdbeschleunigung an den Polen am größten, weil die Erde an den Polen abgeplättet ist. Sie hat dort

---

[21] Wenn man etwas Mystik in die Sache bringt, wird es doch gleich viel interessanter.

durch die Rotation nur einen Radius von 6357 km im Gegensatz zu 6378 km am Äquator. Außerdem muß die durch die Rotation der Erde verursachte Zentrifugalkraft, die der Gravitation entgegenwirkt, berücksichtigt werden. Der Effekt ist sehr gering und deshalb kaum spürbar. Er wirkt sich jedoch zum Beispiel auf die Schwingungsdauer eines Pendels aus.

Die Schwingungsdauer[22] eines idealen (mathematischen) Pendels auf der Erde berechnet sich nach :

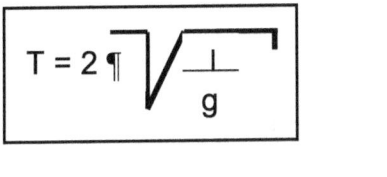
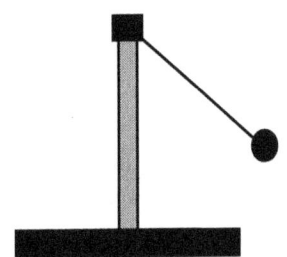

$$T = 2\pi \sqrt{\frac{l}{g}}$$

T   Periodendauer
l   Länge des Pendels
g   Fallbeschleunigung

Bild: Die Schwingungsdauer eines Fadenpendels hängt von der Gravitation ab.

Ort	Erdbeschleunigung in m/s²
Pol	9,83
Äquator	9,78
100 km Höhe	9,5
Mondentfernung	0

Tabelle: Erdbeschleunigung bei bestimmten Abständen vom Erdmittelpunkt

Es ist klar, daß die Schwingungsdauer dort am größten ist, wo die Erdbeschleunigung am kleinsten ist. Im Weltraum ist die Schwingungsdauer unendlich, daß heißt, es schwingt gar nicht.

Dieser Effekt hat zwar nichts mit der Zeitdilatation gemäß

---

[22] Die Formel gilt für kleine Amplituden eines Fadenpendels

Allgemeiner Relativitätstheorie zu tun, macht aber die Wirkung der Erdbeschleunigung auf die Dauer physikalischer Vorgänge deutlich. Denn gemäß Allgemeiner Relativitätstheorie wird nach oben hin ja alles schneller und nicht langsamer.

Die Erfahrung auf der Erde zeigt uns, daß Lebewesen eine bestimmte kritische Masse nicht überschreiten können. Die größten Lebewesen leben im Wasser. Wale, die stranden, werden unter ihrem eigenen Gewicht, erdrückt.

Gigantismus bezeichnet Tiere mit einem Gewicht von mehr als 1 Tonne Gewicht. Die Giganten von heute umfassen Elefanten, Nashörner, Nilpferde und Giraffen. In der Jurazeit vor mehr als 200 Millionen Jahren war Gigantismus ein weit verbreitetes Merkmal. Dinosaurier konnten damals bis zu 50 Tonnen wiegen. Einige wenige sogar 100 Tonnen, was etwa 100 Mittelklassewagen und der zur Zeit größten Wale entspricht. Elefanten wiegen heute bis zu 10 Tonnen. Fleischfressende Säugetiere haben jedoch niemals mehr als 1 Tonne gewogen.

Was ist der Grund dafür, daß Tiere solche gigantische Ausmaße annehmen?

Nun, große Tiere sind sicherer vor Raubtieren. Elefanten sind vor Raubtierangriffen geradezu immun. Außerdem erreichen Sie durch ihre Größe Früchte, die für kleinere Tiere unerreichbar sind. Ihr gigantischer Verdauungstrakt kommt auch mit schwer verdaulichen Pflanzen zurecht. Große Tiere müssen relativ zu ihrem Körpergewicht auch nicht soviel Nahrung aufnehmen. Während Elefanten nur etwa 5% ihres Körpergewichts an Nahrung zu sich nehmen, müssen Spitzmäuse mehr als ihr eigens Gewicht jeden Tag verfuttern.

Großen Tieren ist es jedoch nicht möglich, sich in den Boden zu graben, auf Bäume zu klettern oder gar zu fliegen. Vögel können nur eine bestimmte Größe erreichen. Je größer die Flügelspannweite, desto langsamer die Flügelbewegung.

Bild: Kein fleischfressendes Säugetier wurde je so groß wie T-Rex.

Kleine Insekten können leicht ein vielfaches ihres Körpergewichtes transportieren, während Menschen mit ihrem eigenen schon Probleme haben. Eine Wanze kann leicht nach einer Blutmahlzeit das siebenfache Gewicht haben. Ein Floh erreicht beim Sprung eine Beschleunigung wie eine Rakete, und wenn ein Mensch im Verhältnis zu seiner Größe so hoch springen könnte wie ein Floh, dann könnte er leicht über den Kölner Dom springen.

Im kleinen Maßstab ist eine Leichtbauweise möglich, die im großen Maßstab nicht mehr funktioniert. Insekten verzichten auf ein schweres Knochenskelett.

Ein Schlüssel zu der Betrachtung, daß Lebewesen nur eine bestimmte kritische Masse auf der Erde erreichen können, ist die Formel für kinetische Energie, die diesen Effekt erklärt.

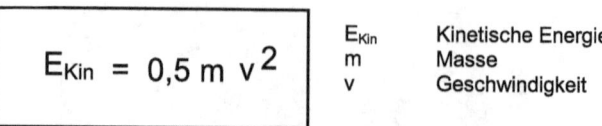

$$E_{Kin} = 0{,}5\, m\, v^2$$

E_{Kin} — Kinetische Energie
m — Masse
v — Geschwindigkeit

Je größer die Masse eines Fahrzeugs, desto größer das Problem der Stabilität und umso größer die benötigte kinetische Energie (Bewegungsenergie). Richtig Energie sparen kann man nur, wenn man Masse und Geschwindigkeit klein hält, denn die notwendige kinetische Energie wächst quadratisch mit der Geschwindigkeit. Die Concorde benötigt für die doppelte Fluggeschwindigkeit eines normalen Airliners die vierfache Menge an Energie (Kerosin).

Einmal aufgebrachte Energie kann nicht wieder zurückgewonnen werden, sondern geht beim Bremsen als Wärme verloren. Schließlich muß man alles, was man beschleunigt hat, auch wieder anhalten. Einen Zug anzuhalten, ist trotz der modernen berührungslosen Wirbelstrombremsen eine Sache von Kilometern. Bei einem Schiff ist ein Wendemanöver bei voller Fahrt eine Sache von Stunden.

Für den Fahrradfahrer sind die Überlebenschancen viel größer, wenn er mit 15 km/h auf den Lastwagen fährt als umgekehrt.

Einstein meinte, daß es keinen Unterschied machen würde, ob sich ein Raumschiff auf die Sonne zubewegt oder die Sonne auf das Raumschiff. In beiden Fällen wäre die Relativgeschwindigkeit gleich.

Tatsächlich macht es einen großen Unterschied, weil natürlich ein Körper mit großer Masse bei einer bestimmten Geschwindigkeit eine viel größere kinetische Energie und einen stärkeren Impuls[23] besitzt.

Stößt ein schwerer Lastwagen mit 15 km/h auf ein stehendes Fahrrad, sind die Folgen weit schwerer für den Fahrradfahrer, als wenn der Fahrradfahrer mit 15 km/h auf einen stehenden Lastwagen fährt. Das liegt einfach daran, weil im letzteren Fall, weniger kinetische Energie vernichtet werden muß.

Auch der Ausgang des Unfalls ist verschieden. Während im ersten Fall der Lastwagen nahezu ungebremst weiterfahren wird, wird im zweiten Fall das Fahrrad abrupt stehen bleiben, weil der Impuls des Fahrrads nicht ausreicht, um den Lastwagen anzuschubsen.

Einstein betrachtet bei der *Speziellen Relativitätstheorie* nur das aneinander Vorbeifliegen und nicht den Zusammenstoß von Inertialsystemen. Nach einem Zusammenstoß ist klar, wer sich auf wenn zubewegt hat, wenn die Massen stark unterschiedlich sind.

Die Definition von absoluter Ruhe ist einfach.

Ein Körper ist in absoluter Ruhe, wenn seine kinetische Energie Null ist.

Das größte bekannte Lebewesen ist übrigens ein unbeweglicher Pilz.

Fazit
Nach oben hin wird gemäß *Allgemeiner Relativitätstheorie* die Zeit dicker!

---

[23] Impuls = Masse x Geschwindigkeit

Wurmlöcher und Zeitschleifen

Sterne, die verglüht sind, schrumpfen in sich zusammen. Ihre Masse wird dichter und dichter. Diese Verdichtung erhöht ihre Oberflächenschwerkraft, da die Gravitation mit geringer werdendem Radius quadratisch zunimmt.

Ein Objekt, das von dem Stern entfliehen will, muß eine bestimmte Fluchtgeschwindigkeit erreichen. Auf der Erde beträgt sie etwa 11 km/sec (ca. 40.000 km/h). Wenn die Oberflächenschwerkraft so groß ist, daß die Fluchtgeschwindigkeit Lichtgeschwindigkeit überschreitet, bezeichnet man den Stern als *Schwarzes Loch*.

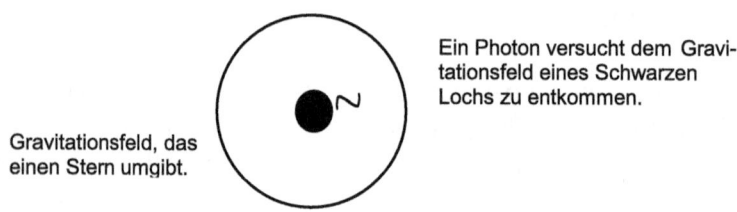

Gravitationsfeld, das einen Stern umgibt.

Ein Photon versucht dem Gravitationsfeld eines Schwarzen Lochs zu entkommen.

Bild: Ab einer bestimmten Dichte, wird die Oberflächenschwerkraft eines Sterns zu hoch, so daß selbst Licht nicht entkommt.

Nichts kann solch einem Schwarzen Loch mehr entfliehen. Der Radius eines Sterns, ab dem er zum Schwarzen Loch wird, nennt man Schwarzschildradius. Der Schwarzschildradius für einen Stern mit Sonnenmasse beträgt etwa 3 km. Ein Teelöffel dieser hochverdichteten Masse würde soviel wie der Mount Everest wiegen. Um aus der Erde ein Schwarzes Loch zu machen, müßte man sie auf weniger als 2 Zentimeter Durchmesser zusammenquetschen.

Albert Einstein konnte mit seinem Mitarbeiter Nathan Rosen spezifische Lösungen der Einsteinschen Feldgleichung angeben, die eine Art Durchtunnelung der Raum-Zeit beschreiben.

Solch ein Tunnel wird als Wurmloch oder Einstein-Rosen-Brücke bezeichnet. Deshalb soll ein Schwarzes Loch, wenn es rotiert oder Ladung besitzt, gemäß Relativitätstheorie ein Tor in die Vergangenheit darstellen.

Diese Vorstellung ist Grundlage für viele Science Fiction Filme. Man stellt sich vor, durch solche Wurmlöcher schneller in andere Regionen des Universums gelangen zu können. Sie sollen sozusagen Abkürzungen im Universum ermöglichen. Diese Tore zu anderen Regionen des Universums sind jedoch gemäß *Allgemeiner Relativitätstheorie* nur extrem kurze Zeit geöffnet. Zu kurz für ein Raumschiff, das ohnehin bei Annäherung an das Wurmloch zu reiner Energie zerstrahlen würde. [24]Gemäß Relativitätstheorie krümmen Massen Raum und Zeit, so wie eine Eisenkugel auf einem Trampolin deutlich einsinkt.

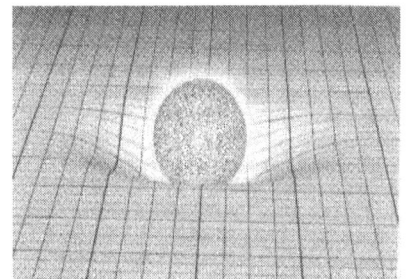
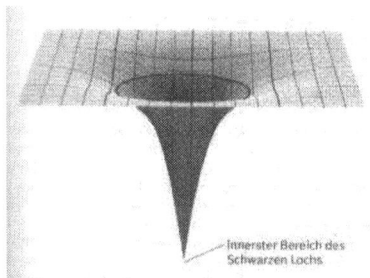

Bild: Die Raum-Zeit kann gemäß <Allgemeiner Relativitätstheorie> durch Massen bis in die Unendlichkeit gekrümmt werden.

Diese Verbiegungen sollen so stark werden können, daß sich ein Masseteilchen praktisch auf einer Kreisbahn bewegt. Ein Masseteilchen könnte auf diese Weise in seiner eigenen Vergangenheit auftauchen. Diese Raum-Zeit-Verbiegungen nennt man Zeitschleifen.

---

[24] Die Bilder stammen aus dem Buch: <Das elegante Universum>.

Sie fragen sich vielleicht, wie Sie sich diese 4-dimensionalen Raum-Zeit-Verbiegungen vorstellen können?

Na, halt rein mathematisch!

Was soll denn da wohin verbunden sein?

Was soll gegen was verbogen sein?

Wenn man über Abkürzungen im Universum spricht, setzt man ja voraus, daß man die eigentlichen Wege und damit die Struktur des Universums kennt, und das kann nun wirklich niemand behaupten.

Fazit
Wurmlöcher stellen gemäß *Allgemeiner Relativitätstheorie* Abkürzungen im Universum dar! Zeitschleifen sollen Wege in die Vergangenheit sein!

Die Zeitbarriere

Gemäß Relativitätstheorie verlangsamen sich physikalische Vorgänge mit wachsender Geschwindigkeit, um bei Lichtgeschwindigkeit zum Stillstand zu kommen.

Beim Überschreiten der Lichtgeschwindigkeit müßten sich physikalische Vorgänge umkehren und praktisch rückwärts laufen.

Eine Schlußfolgerung, die Einstein ausgeschlossen hatte, weil er davon ausging, daß Lichtgeschwindigkeit nicht zu überschreiten sei. Durch diese Einschränkung implementierte Einstein den im nächsten Kapitel genauer beschriebenen *Zeitpfeil* in seine Theorie. Der elektrische Strom müßte, wie im Kapitel „*Die Zeitdilatation*" dargestellt, in umgekehrter Richtung fließen, also nicht wie gewohnt von minus nach plus, sondern von plus nach minus, es sei den die Quellen-Spannung würde sich bei Lichtgeschwindigkeit auch drehen.

Unvorstellbar!

Deshalb denkt man, Einstein sei allein dadurch schon widerlegt, daß Informationen mit Überlichtgeschwindigkeit übertragen werden können, wie durch die *Quantenteleportation* bewiesen wurde.

Man hat über Atomuhrmessungen nachgewiesen, daß Atomuhren in mit Hochgeschwindigkeit fliegenden Jets langsamer laufen. Dementsprechend ist der Zeitstillstand, wenn der Jet Lichtgeschwindigkeit erreicht, die logische Schlußfolgerung.

Da der Jet jedoch wegen des relativistischen Massenzuwachses nie Lichtgeschwindigkeit erreichen kann, tritt der Zeitstillstand für einen Körper mit Ruhemasse nie ein.

Obwohl die Zeit gemäß Relativitätstheorie theoretisch stillstehen kann, kann sie nicht unendlich schnell vergehen. Die Zeit hat nach unten eine Grenze, denn physikalische Vorgänge benötigen in jedem System eine Mindestdauer.

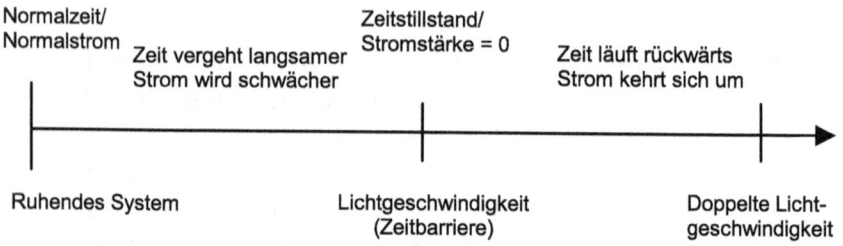

Bild: Gemäß Relativitätstheorie läuft die Zeit bei Überlichtgeschwindigkeit rückwärts.

Wenn man die Zeitumkehr bei Überlichtgeschwindigkeit in Betracht zieht, fragt man sich natürlich, was mit der Zeit bei doppelter Lichtgeschwindigkeit passiert.

Kehrt sich die Zeit bei doppelter Lichtgeschwindigkeit erneut um, oder was passiert dann? Schließlich können physikalische Vorgänge auch in umgekehrter Richtung nicht unendlich schnell vergehen.

Mich erinnert die ganze Geschichte an meine Bundeswehrzeit, als ein Feldwebel uns zurief: „Wenn ihr noch langsamer marschiert, geht ihr rückwärts!".

Fazit
Sich mit Überlichtgeschwindigkeit zu bewegen, würde gemäß *Relativitätstheorie* bedeuten, die Zeit zurückzudrehen oder den Strom in umgekehrter Richtung fließen zu lassen!

Zeitreisen

Gemäß *Relativitätstheorie* ist die Zeit symmetrisch und kann demnach auch rückwärts laufen. Der gesunde Menschenverstand sagt uns jedoch, daß das *Zurückdrehen der Zeit* nicht möglich ist.

Warum kann man eigentlich in der Zeit nicht zurückgehen?

Einleuchtend kann man dies über das Großvaterparadoxon erklären, das in vielen Science-Fiction-Filmen wie *Zurück in die Zukunft* dargestellt wird. In der Vergangenheit könnte man nämlich die eigene Geburt und damit die Reise selbst verhindern, was paradox erscheint.

Unsere Vorstellung von Zeit ist eine Einbahnstraße, denn Zeit ist asymmetrisch. Mit der Zeit ist es wie beim Formel I Rennen. Es gibt nur eine Richtung, nämlich nach vorne.

Ereignisse, die einmal passiert sind, scheinen nicht mehr rückgängig gemacht werden zu können. Der zweite Hauptsatz der Thermodynamik postuliert, daß die Entropie (die Unordnung) unaufhaltsam mit der Zeit wächst. Die Unordnung ist wahrscheinlicher als die Ordnung, und die Natur strebt immer den wahrscheinlichsten Zustand an. Physikalische Vorgänge haben eine Richtung, die wir als Zeit begreifen. Physiker sprechen in diesem Zusammenhang vom Zeitpfeil. Eine Vase, die zu Boden gefallen und in tausend Splitter zersprungen ist, setzt sich nicht von alleine wieder in ihren Ursprungszustand zusammen.

Wissenschaftler haben bewiesen, daß sich Kaonen (Elementarteilchen, die aus zwei Quarks bestehen) seltener in Antikaonen verwandeln, als umgekehrt Antikaonen in Kaonen.

Quantentheoretisch erklärt man viele Effekte über sogenannte Symmetrieverletzungen. So kann auch der Energieerhaltungssatz für eine sehr kurze Zeit außer Kraft gesetzt werden. Wenn Materie stabil entstehen soll, muß die Zeitsymmetrie gebrochen werden, weil sich sonst Materie und Antimaterie sofort wieder vernichten würden. Forscher haben mittlerweile die direkte CP-Verletzung nachgewiesen. Mit CP-Verletzung bezeichnen Physiker die Asymmetrie eines Elementarteilchen zu dessen Antiteilchen. Beide können aus einer Mischung von Quarks und Anti-Quarks zu ungleichen Anteilen bestehen.

Dies macht die Vorstellung, es könnte ein aus Antimaterie bestehendes Paralleluniversum mit genau den gleichen Eigenschaften geben, zunichte. Denn dieses Paralleluniversum muß nicht unbedingt symmetrisch zu unserem sein. Trotzdem halten auch Physiker von bekannten Instituten, zumindest theoretisch, Reisen in die Vergangenheit für möglich.

Bei Zeitreisen gibt es 3 Varianten:

Universelle Umkehrung der Zeit

Bei der universellen Umkehrung der Zeit, wie sie bei der Deflation des Universums auftreten soll, vergrößert sich auf wundersame Weise die Ordnung und der Zeitpfeil kehrt sich damit um. Die Vorstellung bei einer Deflation des Universums würde alles wie in einem Film rückwärts laufen, ist unsinnig, denn anders als beim Film würde die Umkehrung nicht zwangsläufig symmetrisch sein.

Zweifelhaft ist auch, ob wirklich alle Energie zurückgezogen werden würde, oder, ob nicht nachher etwas fehlte. Zum Beispiel Licht, das schon weit außer Reichweite alle Gravitationskräfte wäre. Die Energiebilanz ginge nicht auf.

Reisen in die eigene Vergangenheit

Zeitreisen in die eigene Vergangenheit haben eine ganz andere Dimension. Denn hier muß ja ein und dasselbe Raum-Zeit-

System mehrfach parallel existieren können. Eine einzelne Person reist zurück zu einem Zeitpunkt größerer Ordnung und hat damit, ohne viel Energieaufwendung, universell aufgeräumt. Demzufolge ist eine Zeitmaschine ein Perpetuum Mobile klassischer Art und allein deshalb schon unmöglich. Der umgekehrte Fall, die Reise in die Zukunft, ist noch abwegiger, da man zu einem Zeitpunkt reist, der noch in der Wahrscheinlichkeit aller möglichen Zustände liegt und damit nicht existiert.

Reisen in ein anderes Raum-Zeit-System

Reisen in ein anderes Raum-Zeit-System sind direkt denkbar und werden über das Zwillingspardoxon eindrucksvoll beschrieben. Bei diesen Reisen handelt es sich aber nicht um echte Zeitreisen, denn gemäß *Allgemeiner Relativitätstheorie* müßten Sie nur auf einen Berg klettern oder in einem Flugzeug fliegen, um in ein anderes Raum-Zeit-System zu gelangen.

Zusammenfassung

Die idealistische Vorstellung, physikalische Vorgänge ließen sich umkehren, ist **prinzipiell** falsch. **Jede Schwingung eines Pendels ist universell individuell** und nicht mehr rückgängig zu machen.

Letztendlich handelt es sich bei Zeitreisen um Phantasien ohne echte wissenschaftliche Grundlage, mit denen aber anscheinend eine Menge Geld verdient werden kann. Und zwar nicht nur im Kino. Nur allzu gerne hegt man den Gedanken, in der Zeit rückwärst gehen zu können. Die Natur jedoch, erlaubt leider keine Reisen in die Vergangenheit.

Fazit
Zeit ist asymmetrisch und damit eine Einbahnstraße!

Die Reise zu anderen Welten

Das Ausbrennen der Sonne wird die Menschheit vor das gewaltigste Problem stellen, das sie je hatte.

Die einzige Rettung wird einmal darin bestehen, ein oder mehrere Raumschiffe zu bauen und ins Universum zu fliehen, bevor die Sonne zum *Roten Riesen* angewachsen ist und die Erde in ihren Sog reißt.

Die *Arche Noah* würde wahr.

Ein Raumschiff ist ein Flugkörper, der im Gegensatz zum Flugzeug keine Atmosphäre benötigt und alle zum Antrieb benötigten Mittel mit sich führt. Das Triebwerk erzeugt den Vorwärtsschub des Raumschiffes.

Bild: Raumschiff Enterprise

Um dem Schwerefeld der Erde zu entkommen muß ein Raumschiff eine Fluchtgeschwindigkeit von mehr als 11,2 km/sec bzw. 40.000 km/h (2. kosmische Geschwindigkeit) erreichen. Zwischen 7,9 (1. kosmische Geschwindigkeit) und 11,2 km/sec gelangt der Flugkörper auf eine elliptische Bahn um die Erde.

Den Flugkörper bezeichnet man dann als Satellit, was lateinisch für Leibwächter ist. Die Zentrifugalkraft, die auf den Satelliten durch seine Kreisbewegung wirkt, befindet sich im Gleichgewicht mit der Schwerkraft der Erde.

Ein Satellit fliegt in 36.000 km Höhe mit einer Geschwindigkeit von etwa 3 km/sec (10800 km/h). Für eine Umkreisung benötigt er 24 Stunden, so daß der Eindruck entsteht, er stehe immer an derselben Stelle über dem Äquator, was man als geostationäre Umlaufbahn bezeichnet.

Bei Raumflugmissionen, die über die Satellitenbahn hinausführen, wird das Raumschiff normalerweise erst in eine Satellitenbahn gebracht, von wo aus dann die letzte Stufe des Triebwerks gezündet wird. Durch diese Vorgehensweise ist die Steuerung des Raumschiffes einfacher. Die Reise zu anderen Welten stellt uns nicht nur zeitlich vor Probleme, sondern auch antriebsmäßig.

Prinzipiell braucht ein Raumschiff zwar keine Energie mehr aufzuwenden, wenn es sich erst einmal mit einer Geschwindigkeit im Universum bewegt, weil es keinen Widerstand gibt, aber jede Richtungsänderung oder gar Beschleunigung, um den Gravitationsfeldern von Sternen zu entkommen, sind mit einem Verlust an Masse verbunden.

Raumschiffe funktionieren nämlich nach dem Rückstoßprinzip. Damit sich ein Raumschiff nach vorne bewegen kann, muß es Masse mit möglichst hoher Geschwindigkeit nach hinten loswerden. Das können Sie leicht selbst ausprobieren, indem Sie sich auf ein leichtes Rollbrett stellen und einen schweren Ball von sich wegwerfen.

Masse ist im Universum aber sehr rar. Es gibt nämlich unheimlich wenig Masse im Verhältnis zur Größe der Entfernungen zwischen den Planeten.

Die Kraft für den Rückstoß ist definiert als der Differentialquotient des Impulses (Masse x Geschwindigkeit) nach der Zeit.

$$F = \frac{d(mv)}{dt}$$

F   Kraft
m   Masse
v   Geschwindigkeit
t   Zeitdauer

Die Reisedauer zu anderen Galaxien würde mehrere Millionen Lichtjahre dauern. Das bedeutet, daß man mehrere Millionen Jahre auf der Reise wäre, könnte man sich mit Lichtgeschwindigkeit bewegen.

Erschwerend kommt hinzu, daß Raumschiffe eigentlich „lahme Enten" sind, denn sie erreichen derzeit nicht mal 0,01% der Lichtgeschwindigkeit. Das ist der Hauptgrund warum die Relativitätstheorie kaum Beachtung findet. Man kommt einfach sehr schwer in ihren Wirkungsbereich.

Um dem Masseproblem zu entgehen, könnte der aus der Fernsehserie *Raumschiff Enterprise* bekannt gewordenen Warp-Antrieb Verwendung finden, der als Treibstoff Materie und Antimaterie verbrennt. Die Energie, die durch die Verstrahlung von Materie und Antimaterie erreicht werden kann und mit Lichtgeschwindigkeit nach hinten ausgestoßen werden würde, ist so enorm, daß man mit einem Gramm Antimaterie zum Mars gelangen könnte. Die Masse eines Regentropfens würde hierfür ausreichen. Derzeit ist der Warp-Antrieb aber reine Science Fiction.

Gemäß *Spezieller Relativitätstheorie* würde sich mit wachsender Geschwindigkeit die Länge des Raumschiffes in Bewegungsrichtung verkürzen. Prinzipiell müssten sich auch Elektronen bei annähernder Lichtgeschwindigkeit verformen. Mir ist hierfür jedoch kein experimenteller Beweis bekannt.

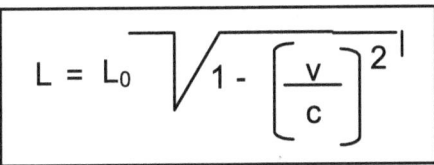

$$L = L_0 \sqrt{1 - \left[\frac{v}{c}\right]^2}$$

L	Länge im bewegten System	v	Geschwindigkeit des Systems
L_0	Länge im ruhenden System	c	Lichtgeschwindigkeit

In Ruhe **Bei 90% Lichtgeschwindigkeit**

Bild: Ein Raumschiff wird bei annähernder Lichtgeschwindigkeit, gemäß <Spezieller Relativitätstheorie> in Bewegungsrichtung deutlich gestaucht.

Bei der Längenkontraktion handelt es sich nicht etwa um eine optische Täuschung. Nein, ganz im Gegenteil. Allerdings soll man lokal, also im Raumschiff, nichts davon bemerken, daß sich das Raumschiff in Bewegungsrichtung verkürzt hat.

Es gibt Physiker, die behaupten, daß eine Reise zu anderen Galaxien zeitlich kein Problem darstellen würde, wenn man mit annähernder Lichtgeschwindigkeit reisen könnte, weil man bei annähernder Lichtgeschwindigkeit kaum altert. Mit dieser Vorstellung möchte ich im Kapitel „Der Stillstand der Gedanken" jedoch aufräumen.

Fazit
Die Reise zu anderen Welten ist ein Problem des Massenverlustes!

Die Lebenszeit eines Glühbirnchens

Die Lebenszeit eines handelsüblichen Glühbirnchens beträgt etwa 1000 Stunden und hängt exponentiell von dem Strom ab, der es zum Leuchten bringt.

Bild: Eine Glühbirne besteht üblicherweise aus einem mit einem Gas gefüllten Glaskolben und einem sehr dünnen Draht, der ab einer bestimmten Stromstärke zu glühen beginnt.

Russische und ungarische Glühbirnen leuchteten schon immer länger, und die chinesische Birne hält heute noch 5000 Stunden. Der Erfinder Dieter Binninger entwickelte sogar eine Glühbirne, die 150.000 Stunden halten sollte. Eine neue Form des Glühdrahtes, ein mit Edelgas gefüllter Glaskolben sowie eine Diode, die als Dimmer diente, sollten das Unmögliche möglich machen. Leider stürzte der Glühbirnen-Revoluzzer[25] 1991 kurz nachdem er sein Angebot abgegeben hatte mit dem Flugzeug ab.

Spektrum

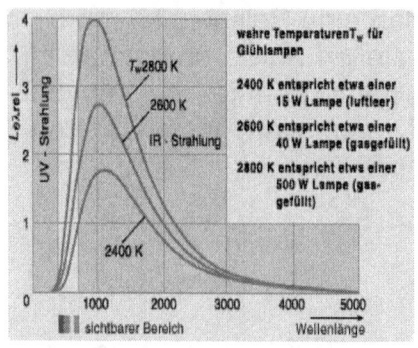

Lebenszeit

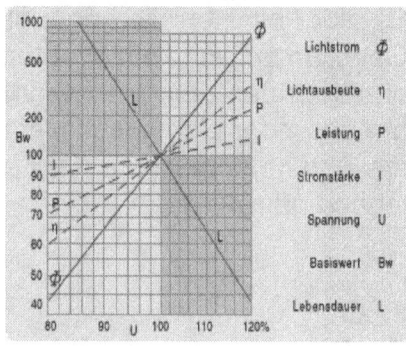

Bild: Beispielhaftes Spektrum und Lebenszeit eines Glühbirnchens

---

[25] Die Zeit 33/1999

Der aus Wolfram bestehende Glühdraht, beginnt erst bei etwa 2500 °C zu leuchten und erreicht bestenfalls einen recht bescheidenen Wirkungsgrad von 4%, weil die meiste Energie als Wärmestrahlung verloren geht.

Die Wolfram-Atome verdampfen bei hoher Temperatur und lagern sich dann an der Innenseite des Glaskolbens ab, bis der Glühdraht an einer dünn gewordenen Stelle zerreißt.

Eine Reduzierung des Stroms um 5% kann die Lebensdauer leicht verdoppeln. Als unerwünschten Nebeneffekt wird der Wirkungsgrad noch viel schlechter, als er ohnehin schon ist, denn die Lichtausbeute sinkt auch exponentiell. Am längsten hält ein Glühbirnchen natürlich, wenn es gar nicht leuchtet, also nur so wenig Strom fließt, daß der Glühdraht kaum erhitzt wird.

Die Lebenszeit eines Glühbirnchen in einem hyperschnellen Raumschiff würde sich drastisch erhöhen, denn die hohe Geschwindigkeit dehnt die Zeit und senkt die Stromstärke.

Das Zwillingsparadoxon scheint sich beim Glühbirnchen exponentiell auszuwirken, denn eine Zeitdehnung um den Faktor 2 würde bedeuten, daß nur noch die Hälfte des Stroms fließt. Bei solch einer geringen Stromstärke hält ein Glühbirnchen ewig!

Die physikalische Gleichwertigkeit der Inertialsysteme wird beim Glühbirnchen gebrochen, denn ein lokaler Beobachter würde sicherlich bemerken, wenn das Glühbirnchen nicht mehr leuchtet.

Die Relativitätstheorie malt ein zu einfaches Bild von der Wirklichkeit. Die Welt ist leider komplizierter!

Fazit:
Die Lebenszeit hängt nicht linear mit der Dauer physikalischer Vorgänge zusammen.

Der Stillstand der Gedanken

Unser Nervensystem ist ein komplexes Kommunikationsnetz, das unser Hirn mit allen Sinneszellen und Muskeln verbindet.

Für die Weiterleitung von Informationen in unserem Nervensystem, wie sie durch die Neurophysiologie erklärt wird, sind unsere Nervenzellen verantwortlich.

Innerhalb einer Nervenzelle wird die Information elektrisch, also als elektrischer Strom und von Nervenzelle zu Nervenzelle chemisch über sogenannte Neurotransmitter übertragen. Die Übermittlung einer Information ist ein sehr komplizierter und erstaunlicher Vorgang.

Nachdem spezielle Sinneszellen einen Impuls erhalten haben, wird diese Information über die Nervenzellen weitergeleitet. Die sogenannten Dentrite der Nervenzelle empfangen die Information und leiten sie über das sogenannte Axon an eine anderer Nervenzelle oder einen Muskel weiter.

Eine Nervenzelle ist normalerweise elektrisch negativ geladen, weil die Zellmembran die elektrisch positiv geladenen Kalium-Ione durchläßt, während große elektrisch positiv geladene Moleküle zurückgehalten werden.

Soll ein Impuls übertragen werden, wandern positiv geladene Kalium-Ione in die Nervenzelle, was sie elektrisch neutralisiert. Ab einem bestimmten Punkt wird die Zellmembran für positiv geladene Natrium-Ione durchlässig, so daß die Zelle plötzlich elektrisch positiv geladen ist.

Man bezeichnet dies als Aktionspotenzial.

Dieses elektrische Signal aktiviert dann die sogenannten Neurotransmitter, die über das Axon abgeschickt werden und sich an die nächste Nervenzelle binden, die wiederum ein Aktionspotenzial aufbaut.

Der in uns ständig fließende Strom kann heute ohne Probleme nachgewiesen werden. Unser Gehirnstrom, zum Beispiel, erzeugt ein, wenn auch sehr schwaches Magnetfeld, das über supraleitende Detektoren, sogenannte Squids, gemessen werden kann.

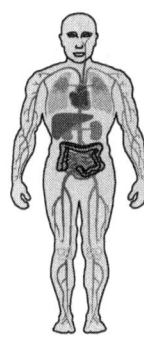

Elektrische Felder können zu Unwohlsein führen. Elektrische Felder, die durch die Luftreibung beim Fahren in Autos entstehen, werden deshalb gerne über Kupferbänder abgeleitet.

Die starken elektromagnetischen Felder, die von großen Unwettern hervorgerufen werden, können Kopfschmerzen verursachen. Das ist wissenschaftlich erwiesen.

Das Phänomen von Geisterhäusern wird damit erklärt, daß starke elektromagnetische Felder Halluzinationen hervorrufen können.

Bild: Bei annähernder Lichtgeschwindigkeit wird alles langsamer.

Dadurch ist leicht verständlich, wieso Lebewesen auf elektromagnetische Felder so empfindlich reagieren bzw. warum starke elektromagnetische Felder uns stören.

Es ist bekannt, daß Vögel und Wale sich am Magnetfeld der Erde orientieren können. Haie können über ihren elektromagnetischen Wahrnehmungssinn jede Beute aufspüren, weil jeder Herzschlag ihres Opfers elektromagnetische Wellen abstrahlt.

In den vorherigen Kapiteln habe ich gezeigt, daß der elektrische Strom mit wachsender Geschwindigkeit des Systems abnimmt. Bei Lichtgeschwindigkeit würde überhaupt kein Strom mehr fließen. Ohne elektrischen Strom ist aber auch Denken und Fühlen nicht mehr möglich.

Bei Überschreiten der Lichtgeschwindigkeit kehrte sich, gemäß Relativitätstheorie, unser Denken und Fühlen sogar um.

Eine Verlangsamung aller physikalischen Vorgänge, wie der Blutfluß müsste doch eine deutliche Reduzierung der Körpertemperatur zur Folge haben?

Prinzipiell ist die zur Erwärmung eines Körpers notwendige Wärmemenge proportional zur Masse. Ein Mensch würde deshalb bei annähernder Lichtgeschwindigkeit erfrieren. Schwarze Löcher, deren Masse riesig ist, sind furchtbar kalt. Ihre Temperatur beträgt nur Millionstel Grad über dem absoluten Nullpunkt.

$$Q = c\, m\, \Delta t$$

Q Wärmemenge
c spezifische Wärmekapazität
m Masse des Körpers
Δt Temperaturdifferenz

Das Zwillingsparadoxon vernachlässigt den Energieerhaltungssatz. Der aus dem Universum zurückgekehrte jüngere Bruder wäre tiefgefroren.

Fazit
Bei Lichtgeschwindigkeit hören wir auf zu Denken, wenn wir nicht schon vorher erfroren sind!

Der relative elektrische Widerstand

Querdenken ist gefordert!

Die Theorie über den relativen elektrischen Widerstand habe ich entwickelt, um die Relativitätstheorie bildlich darstellbar und experimentell auf einfache Weise überprüfbar zu machen.

Obwohl Einstein ein schlechter Schüler und kein überdurchschnittlich begabter Mathematiker war, hat seine Relativitätstheorie den Ruf eines *„Buches mit sieben Siegeln"*.

Oft ist zu hören, daß nur wenige Menschen auf der Welt die Relativitätstheorie verstanden haben.

In Wirklichkeit ist die Relativitätstheorie nicht so schwer zu verstehen, sie ist nur so schwer zu glauben.

Tatsächlich ist die Mathematik von dem Nobelpreisträger Lorentz (Lorentz-Transformation) entwickelt worden, als er eine Erklärung dafür suchte, warum das bekannte Michelson-Morley-Experiment, über das die absolute Geschwindigkeit der Erde zum Äther nachgewiesen werden sollte, gescheitert war.

Auch die Entdeckung des relativistischen Massenzuwaches geht nicht auf Einsteins Konto.

Einstein lieferte letztendlich die Theorie dafür, daß es prinzipiell unmöglich sein solle, eine absolute Geschwindigkeit im Universum festzustellen.

Diese Postulat jedoch ist gerade am Wanken. Die absolute Geschwindigkeit der Erde soll nämlich über die Hintergrundstrahlung ermittelt werden können.

Einsteins Vorstellung vom Licht war geradezu genial einfach, aber nicht neu.

Denn Newton hatte diese Vorstellung auch schon vertreten.

Es solle sich einfach um Teilchen handeln, die sich mit einer konstanten Geschwindigkeit im leeren Raum bewegen. Die Notwendigkeit eines **scheinbar** nicht existierenden Äthers war ausgeräumt. Diese neue Betrachtungsweise der elektromagnetischen Welle schien der Schlüssel zu einem neuen Verständnis der Welt, nämlich der *Welt der Quanten*.

Und sie schien **im ersten Augenblick** so schön einfach!

Licht besteht hiernach aus einem Strom von Teilchen, sogenannten Photonen. Diese Photonen besitzen keine Ruhemasse. Stattdessen gewinnen sie ihre Masse aus ihrer Frequenz, mit der sie quer zur Bewegungsrichtung schwingen. Und da sich Photonen mit Lichtgeschwindigkeit bewegen, steht für sie die Zeit still!

Im Zeitalter des World Wide Web gewinnen Photonen für die Übertragung von Informationen immer mehr Wichtigkeit. Durch die Übertragung von Informationen mittels Licht können mittlerweile Übertragungsgeschwindigkeiten von Tera Bit/sec (10^{12}) über eine Glasfaser erreicht werden.

Die Probleme bei der Verwendung so hoher Übertragungsgeschwindigkeiten zeigen jedoch:

Licht verhält sich wie eine elektromagnetische Welle!

Die elektrischen Grundgrößen

Das Grundprinzip der Relativitätstheorie geht davon aus, daß Lichtgeschwindigkeit die höchste erreichbare Geschwindigkeit ist.

Fast alle Bücher behaupten, daß die Relativitätstheorie Überlichtgeschwindigkeit nicht ausschließt, nur Einstein selbst glaubte nicht daran.

Die Physiker erklären das, indem Sie behaupten, daß sich das Genie Einstein selbst nicht über die Möglichkeiten seiner Relativitätstheorie klar gewesen sei.

Als der Mathematiker Gödel eine mathematische Lösung in der Relativitätstheorie für eine Reise in die Vergangenheit fand, erschrak Einstein. Denn Einstein hatte geglaubt, daß seine Relativitätstheorie gerade dies ausschloß.

Mittlerweile geht man davon aus, daß es sich bei der von Gödel gefundenen Lösung um eine exotische Lösung handelt, die ungültig ist. Hier gilt auf einmal wieder der gesunde Menschenverstand, der sonst nicht anwendbar sein soll.

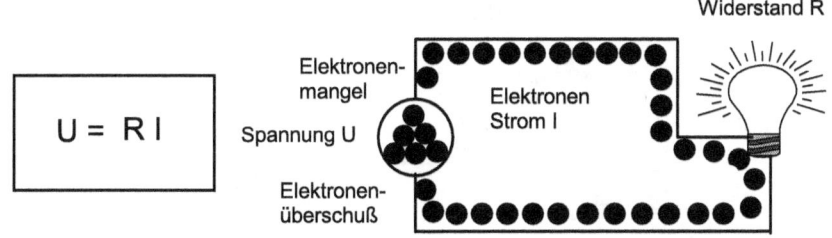

Bild Der einfache Stromkreis mit Glühbirnchen

Für die folgenden Betrachtungen werden die Effekte der Relativitätstheorie (relativistischer Massenzuwachs, Zeitdilatation) auf die Elektrotechnik mit ihren Grundgrößen (Spannung, Widerstand, Strom) übertragen.

Die Berechnung eines elektrischen Stromkreises mit Birnchen kann sehr einfach berechnet werden.

Bei einer Spannung von 10 Volt und einem Widerstand von 1000 Ohm fließen 0,01 Ampere.

Der elektrische Widerstand verhält sich nur in einem bestimmten Bereich linear, denn er wächst mit der Temperatur, der Frequenz **und der Geschwindigkeit**, wie später gezeigt wird.

Denn gemäß Relativitätstheorie verlangsamen sich alle physikalischen Vorgänge in einem System, das sich mit einer Geschwindigkeit bewegt, also auch der Strom.

Eine Verlangsamung des Stroms bedeutet, daß die Stromstärke geringer wird bzw., **daß ein Birnchen schwächer leuchtet**. Ursache für diese Stromminderung ist der erhöhte relative Widerstand.

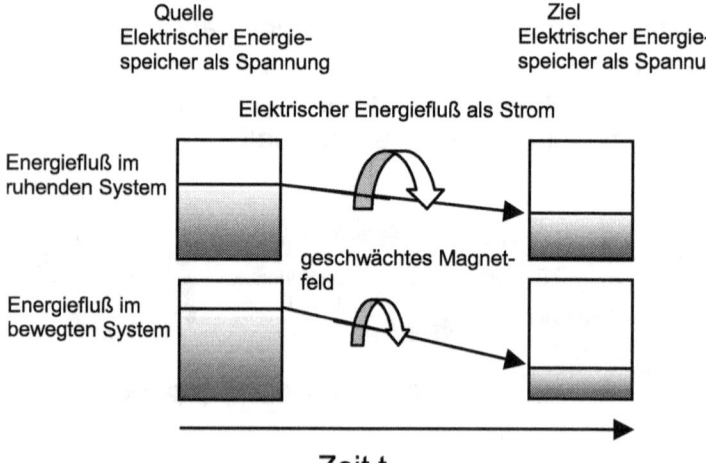

Bild 1: Der Energiefluß im ruhenden und bewegten System im Vergleich

Ein plastisches Beispiel für die Zeitdehnung ist das Zwillingsparadoxon, nachdem ein Zwillingsbruder in einem Raumschiff, das sich mit annähernder Lichtgeschwindigkeit bewegt, im Gegensatz zu seinem Zwillingsbruder auf der Erde kaum altert, also in derselben Zeit t weniger Lebensenergie verbraucht hat.

Der Zwillingsbruder im Raumschiff hat jedoch dabei keine Zeit gewonnen. Alle physikalischen Vorgänge im Raumschiff sind nur langsamer abgelaufen.

Die Energieübertragung eines elektrischen Energiespeichers (zum Beispiel: Batterie) auf einen anderen dauert in einem bewegten System relativ zu einem ruhenden System länger.

Die Differenz zwischen beiden Energiepotentialen nach einer Zeit t wird durch den relativistischen Massenzuwachs der beteiligten Teilchen, der gleichzeitig ein Maß für die Erhöhung der Trägheit des Systems ist, verursacht.

$$\Delta E = (m_b - m_r) c^2$$

ΔE	Energiezuwachs eines Teilchen zwischen ruhendem und bewegtem Zustand
m_r	Masse eines Teilchen im ruhenden System
m_b	Masse eines Teilchen im bewegten System
c	Lichtgeschwindigkeit

Obwohl für den **lokalen Beobachter** der Strom gleich bleibt, weil sich für ihn die Zeit um den selben Faktor dehnt, wie der Strom sinkt, kann die Stromänderung lokal über das von dem Strom verursachte geschwächte magnetische Feld nachgewiesen werden, weil dieses **ein Maß für die magnetische Energie ist und vom Zeitsystem unabhängig gemessen werden kann.** Ein Effekt, für den es in der Mechanik keine Analogie gibt.

Da die Energie auf Grund der Zeitdilatation in kleineren Portionen übertragen wird, ist das magnetische Feld geschwächt.

Das geschwächte magnetische Feld wird wiederum in einem anderen Leiter eine geschwächte Spannung induzieren, die leicht meßbar ist.

Denn die magnetische Feldstärke um einen geradlinigen Leiter ist proportional zum elektrischen Strom, der sie hervorruft:

$$H = \frac{I}{2\pi r}$$

H   magnetische Feldstärke
I   Stromstärke
r   Radius

Bild: elektrischer Strom und Magnetfeld

Bewegt sich ein Raumschiff mit hoher Geschwindigkeit im Weltraum, so müßte über die Messung der Stromänderung auf Grund des erhöhten relativen Widerstandes auf die Geschwindigkeit, die diese Stromänderung verursacht hat, zurückgerechnet werden können.

Falls dies möglich wäre, könnte man eine Regelschaltung bauen, die die lokale Uhr ständig nachregelt, um so die Synchronisation zur Erde zu halten.

Eine Möglichkeit wäre, die Stromänderung über den bekannten Hall-Effekt zu messen. Die Hall-Spannung ist proportional zur Stromstärke. Bei hohen Geschwindigkeiten müßte die Stromstärke und damit auch die Hall-Spannung sinken.

Ein Vorteil hierbei wäre die Einfachheit der Schaltung, die bei Gleichstrom (Frequenz = 0 Hz) funktioniert.

Eine andere Möglichkeit wäre, die Stromänderung über die Ausgangsspannung eines Übertragers zu messen ($U_{Ausgang} = j\, I_1\, M\, 2\, \omega$).

Dies hätte gleichzeitig den Vorteil, daß **der Effekt deutlich verstärkt** wird.

1. Durch den erhöhten relativen Widerstand sinkt der Strom, so daß der magnetische Fluß in der Spule abnimmt.
2. Die Frequenz der Spannungsquelle sinkt durch den Effekt der Zeitdehnung (f=1/t).
3. Durch ein Übertragungsverhältnis ü>1 kann der Effekt der Stromminderung verstärkt werden.

Bei einer Fluggeschwindigkeit von 1000 km/h müßte man ohne Verstärkung Spannungsänderungen im Piko-Bereich (10^{-12}) messen können.

Bei größeren Geschwindigkeiten sind die Spannungsänderungen entsprechend höher.

Durch eine geeignete Dimensionierung der Schaltung und ein günstiges Übertragungsverhältnis könnte die Spannungsänderung entsprechend verstärkt werden.

Die Messung von kleinsten Spannungen ist heute über Feldeffekttransistoren, die als Verstärker dienen, möglich.

Je höher die Geschwindigkeit, desto einfacher und genauer die Messung!

Ein Hochgeschwindigkeitsmesser auf Basis des relativen elektrischen Widerstandes wäre in der Raumfahrttechnik nutzbar, um die Eigengeschwindigkeit von Raumschiffen und Sonden im materielosen Raum zu messen, da der Geschwindigkeitsmesser **keinerlei Wegmessung** benötigt.

Denn die Stromstärke ist über die Mutter aller Formeln der Elektrotechnik definiert als :

$$I = \frac{Q}{t}$$

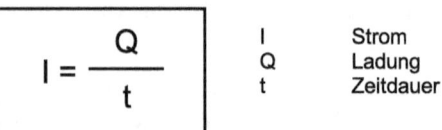

I　Strom
Q　Ladung
t　Zeitdauer

Durch Ersetzen der Zeit t gemäß Relativitätstheorie (siehe Kapitel *„Die Zeitdilatation"*):

$$t = \frac{t_0}{\sqrt{1 - \left[\dfrac{v}{c}\right]^2}}$$

folgt:

$$I = \frac{Q}{t_0} \sqrt{1 - \left[\dfrac{v}{c}\right]^2}$$

$$I = I_0 \sqrt{1 - \left[\dfrac{v}{c}\right]^2}$$

I　Stromstärke im bewegten System
I_0　Stromstärke im ruhenden System
v　Geschwindigkeit des Systems
c　Lichtgeschwindigkeit

Die Stromstärke sinkt um denselben Faktor, um den sich die Zeit dehnt.

Für den relativen Widerstand gilt:

$$R = \frac{U}{I}$$

I Stromstärke
U Spannung
R Widerstand

Zu beachten ist, daß die Spannung (Elektromotorische Kraft) im Gegensatz zur Stromstärke und dem Widerstand sowohl im ruhenden als auch im bewegten System gleich ist und sich deshalb rauskürzt.

Der relative Widerstand erhöht sich im gleichen Verhältnis, wie sich die Zeit dehnt.

$$R = \frac{R_0}{\sqrt{1 - \left[\frac{v}{c}\right]^2}}$$

R   Widerstand im bewegten System
R_0 Widerstand im ruhenden System
v   Geschwindigkeit des Systems
c   Lichtgeschwindigkeit

$$\frac{t_0}{t} = \frac{R_0}{R}$$

Der elektrische Widerstand müßte sich um denselben Faktor erhöhen, um den sich die Zeit dehnt. Für die Geschwindigkeit gilt deshalb:

$$v = \sqrt{\left[1 - \frac{I^2}{I_0^2}\right]} \; c$$

Die Geschwindigkeit eines Inertialsystems müßte sich also prinzipiell durch die Messung der Stromstärke in einem Referenzsystem (Erde) und der Messung des zum Referenzsystem bewegten Inertialsystems berechnen lassen.

Diese Art der Geschwindigkeitsmessung funktioniert natürlich nur, wenn die Änderung der Stromstärke **lokal meßbar** ist, was gemäß Relativitätstheorie eigentlich nicht möglich sein soll.

Mein Professor für Physik kommentierte:
„Sie sind gut! Sie benutzen die Relativitätstheorie, um zu zeigen, daß die Stromstärke abhängig von der relativen Geschwindigkeit eines Inertialsystems ist und stellen gleichzeitig die Gleichwertigkeit der Inertialsysteme in Frage."

Das stimmt so nicht.

In Wirklichkeit benutze ich nur den Effekt des relativistischen Massenzuwachses, den Einstein ohnehin nicht entdeckt hat.

Jedoch übernehme ich die Vorstellung von Einstein, daß sich der relative Massenzuwachs auf die Trägheit und damit auf die Dauer aller physikalischen Vorgänge eines Inertialsystems auswirken muß!

Die Wahrheit liegt oft in der Mitte!

Die relative Leistung

Die elektrische Arbeit ist gemäß Energieerhaltungssatz im ruhenden als auch im bewegten System gleich, weil sich die Zeit um denselben Faktor dehnt, wie der Strom sinkt.

$$W_{el} = U \: I \: t$$

$$W_{el} = U_0 \: I_0 \: \sqrt{1 - \left[\frac{v}{c}\right]^2} \: \frac{t_0}{\sqrt{1 - \left[\frac{v}{c}\right]^2}}$$

W_{el} Elektrische Arbeit im bewegten System
U_0 Elektromotorische Kraft im bewegten System
I_0 Stromstärke im ruhenden System
t_0 Zeitdauer im ruhenden System

Die elektrische Leistung ist definiert als:

$$P_{el} = U \: I$$

P_{el} Elektr. Leistung im beweg. System
U Elektr. Kraft im bewegten System
I Stromstärke im bewegten System

Im bewegten System gilt deshalb:

$$P_{el} = U_0 I_0 \sqrt{1 - \left[\frac{v}{c}\right]^2}$$

P_{el} Elektrische Leistung im bewegten System
U_0 Elektromotorische Kraft im ruhenden System
I_0 Stromstärke im ruhenden System

Die elektrische Leistung ist im bewegten System geringer als im ruhenden, weil weniger Strom fließt.

Ein Glühbirnchen würde deshalb für einen außenstehenden Beobachter schwächer leuchten.

Der lokale Beobachter soll jedoch von dem schwächeren Leuchten des Glühbirnchens nichts merken, weil er ja, ohne es zu merken, länger wartet, bis alle Photonen sein Auge getroffen haben.

Dazu jedoch im Kapitel *„Die Lebenszeit eines Glühbirnchens"* mehr!

Die relative Ausbreitungsgeschwindigkeit

Die elektromagnetische Welle erreicht ihre maximale Ausbreitungsgeschwindigkeit als freie Kugelwelle im Vakuum. Sie beträgt dann Lichtgeschwindigkeit.

Die Geschwindigkeit auf einer Leitung ist im Normalfall frequenzabhängig und muß für jede Phase (einzelne Frequenz) getrennt berechnet werden.

Die Ausbreitungsgeschwindigkeit der elektromagnetischen Welle hängt von den elektrischen und magnetischen Eigenschaften der Leitung ab.

Obwohl die Leitungsparameter wie Widerstand oder Kapazität annähernd gleichmäßig auf die Leitung verteilt sind, müssen wir uns ein vereinfachtes Modell von der Leitung machen, weil wir nur in diskreten Bauelementen denken und rechnen können.

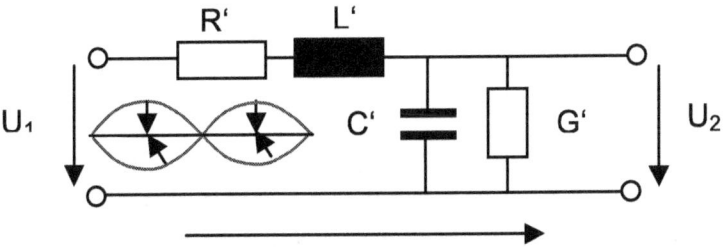

Gesamtsystem, das bewegt sich mit hoher Geschwindigkeit.

Bild: Ersatzschaltbild einer Leitung

Für das Ersatzschaltbild einer Leitung bezieht man sich auf einen Kilometer Länge. Die Leitungskonstanten werden als Widerstandsbelag R', Induktionsbelag L', Kapazitätsbelag C' und Ableitungsbelag G' bezeichnet.

Aus dem Ersatzschaltbild ergibt sich der typische Tiefpaß-Charakter einer Leitung. Hohe Frequenzen werden von der Induktivität gedämpft von der Kapazität kurzgeschlossen.

Insgesamt gesehen, erinnert das Ersatzschaltbild stark an einen elektrischen Schwingkreis.

Ab einer bestimmten Frequenz, der sogenannten Grenzfrequenz, ist eine Übertragung der elektromagnetischen Welle nicht mehr möglich.

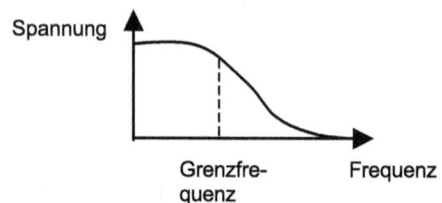

Bild: Jede Leitung ist ein Tiefpaß. Hohe Frequenzen werden stark gedämpft, während niedrige Frequenzen nahezu ungedämpft die Leitung durchwandern.

In der Hochfrequenztechnik sind es im wesentlichen die Induktivität und die Kapazität, die die Ausbreitungsgeschwindigkeit der elektromagnetischen Welle hemmen. Die Energie schwingt alternierend von der Kapazität zur Induktivität und umgekehrt in Ausbreitungsrichtung.

Das kostet Zeit.

Die Zeit, die die Energie für dieses Hin- und Herschwingen benötigt, ist frequenzunabhängig, wenn man von der Vereinfachung ausgeht, daß der ohmsche Widerstand der Leitung vernachlässigt werden kann.

Für die Phasengeschwindigkeit von sogenannten verlustlosen Leitungen gilt:

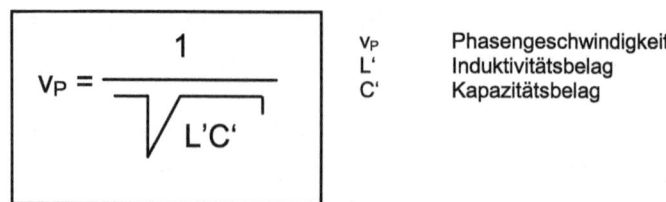

$$v_P = \frac{1}{\sqrt{L'C'}}$$

v_P Phasengeschwindigkeit
L' Induktivitätsbelag
C' Kapazitätsbelag

Es scheint, als paßte sich die elektromagnetische Welle über die Änderung ihrer Wellenlänge an die Eigenschwingfrequenz des Mediums (Leitung), in dem sie sich bewegt, an. Bei Leitungen wird in den Datenblättern der Verkürzungsfaktor der Wellenlänge angegeben, um den die Wellenlänge zur Luft verkürzt ist.

$$\lambda = k\, \lambda_{Luft}$$

λ Wellenlänge
k Verkürzungsfaktor

Bei niedrigen Frequenzen und langen Leitungen bremsen im wesentlichen die Kapazität und der Widerstand die elektromagnetische Welle, wie ein mehrstufiger Brunnen das Wasser beim Fließen von einer Stufe zur anderen. Die Induktivität und der Leitwert spielen keine Rolle.

Eine vereinfachte Näherungsformel für Fernmeldekabel für die Phasengeschwindigkeit ist:

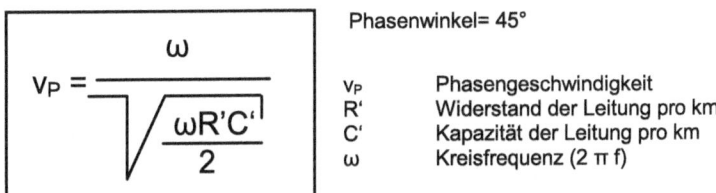

Phasenwinkel= 45°

v_P Phasengeschwindigkeit
R' Widerstand der Leitung pro km
C' Kapazität der Leitung pro km
ω Kreisfrequenz ($2\pi f$)

Die Kapazität einer Leitung verschiebt frequenzabhängig den Phasenwinkel zwischen Spannung und Strom. Durch die Phasenverschiebung zwischen Strom und Spannung eilt die Ausgangsspannung der Eingangsspannung nach. Die Phasenverschiebung wird kontinuierlich mit der Länge der Leitung größer.

Die Wellenlänge, also die Strecke, die die Welle pro Schwingung zurücklegt, ist also abhängig von den Leitungsparametern.

$$\lambda = \frac{2\pi}{\beta}$$

λ Wellenlänge
β Phasenbelag

Bei höheren Frequenzen wird der kapazitive Widerstand und der Phasenwinkel zwischen Spannung und Strom kleiner. Dadurch durchwandern hohe Frequenzen eine Leitung schneller als niedrige Frequenzen.

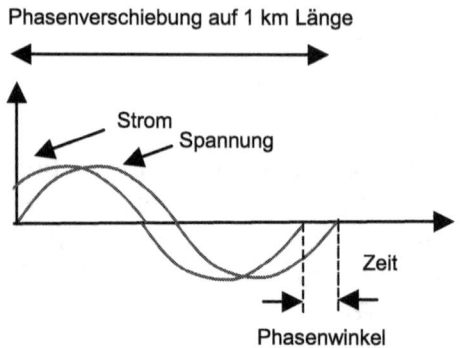

Bild: Phasenverschiebung zwischen Spannung und Strom auf einer Leitung

Je größer der Phasenunterschied, desto kleiner die Geschwindigkeit der elektromagnetischen Welle.

$$v_P = \frac{2\pi f}{\beta}$$

v_P Phasengeschwindigkeit
f Frequenz
β Phasenbelag

Je länger die Leitung, desto größer wird der zeitliche Unterschied beim Eintreffen verschiedener Phasen am Leitungsende. Die Zeit, die eine Frequenzgruppe für den Durchlauf einer Leitung benötigt, bezeichnet man als Gruppenlaufzeit. Dies ist ein Effekt, der Audiospezialisten bekannt und unliebsam ist, da die unterschiedlichen Gruppenlaufzeiten das Hörbild verschlechtern. Die mittlere Durchlaufzeit eine Frequenzgruppe bezeichnet man als Einschwingzeit.

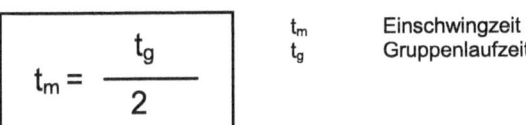

$$t_m = \frac{t_g}{2}$$

t_m Einschwingzeit
t_g Gruppenlaufzeit

Die Geschwindigkeit eines Systems hat auf die Ausbreitungsgeschwindigkeit der elektromagnetischen Welle im Vakuum keinen Einfluß, weil sie im wesentlichen durch die Kapazität und Induktivität des Vakuums bestimmt wird. Das würde die von der Relativitätstheorie geforderte *Konstanz der Lichtgeschwindigkeit* bestätigen.

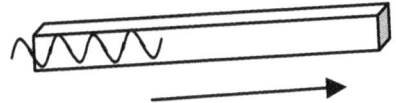

Bild: Ein Glasstab bewegt sich mit nahezu Lichtgeschwindigkeit und fliegt dem Lichtstrahl, der ihn durchwandert, davon.

Wie sieht das jedoch mit der **Ausbreitungsgeschwindigkeit der elektromagnetischen Welle in bewegter Materie** aus, insbesondere, weil ja die Ausbreitungsgeschwindigkeit einer elektromagnetischen Welle in Materie weit geringer als Lichtgeschwindigkeit ist, und die Materie deshalb schneller als die elektromagnetische Welle sein könnte?

Ein sich mit annähernder Lichtgeschwindigkeit bewegender Glasstab könnte der elektromagnetischen Welle, die sich in Glas nur mit $^2/_3$ Lichtgeschwindigkeit bewegt, davonfliegen. So wie Überschallflugzeuge ihrem eigenen Schall davonfliegen.

Die Geschwindigkeit des Inertialsystems wird mit Sicherheit Dopplereffekte (Änderungen in der Frequenz der elektromagnetischen Welle) hervorrufen!

Die relative Driftgeschwindigkeit der Elektronen

Die Driftgeschwindigkeit der Elektronen ist gegenüber der Ausbreitungsgeschwindigkeit der elektromagnetischen Welle minimal und beträgt nur wenige mm pro sec. Sie hängt von der Beweglichkeit der Ladungsträger ab und bestimmt die Stromstärke.

Sinkt die Driftgeschwindigkeit, dann sinkt auch der Strom.

$$I = \frac{Q\,v}{s}$$

I	Stromstärke
Q	Ladung
v	Driftgeschwindigkeit der Teilchen
s	Weg, über den die Geschwindigkeit ermittelt wurde

Die Beweglichkeit der Ladungsträger ist definiert als:

$$u = \frac{v}{E}$$

u	Beweglichkeit
v	Driftgeschwindigkeit der Teilchen
E	Feldstärke

Die Geschwindigkeit der Ladungsträger ist proportional zur Feldstärke.

$$v_{gesamt} = \frac{v_{System} + v_{Drift}}{1 + \dfrac{v_{System}\, v_{Drift}}{c^2}}$$

v_{gesamt}	Gesamtgeschwindigkeit	v_{Drift}	Driftgeschwindigkeit der Ladungsträger
v_{System}	Geschwindigkeit des bewegten Systems	c	Lichtgeschwindigkeit

Befindet sich der Ladungsträger in einem System, das sich mit hoher Geschwindigkeit bewegt, ist die Gesamtgeschwindigkeit gemäß Relativitätstheorie kleiner als die Summe beider Geschwindigkeiten :

In einem System, das sich mit nahezu Lichtgeschwindigkeit bewegt, scheinen die Elektronen für einen außenstehenden Beobachter stillzustehen. Ihre Driftgeschwindigkeit konvergiert gegen 0.

Lokal müßte dies über ein stark geschwächtes Magnetfeld festzustellen sein.

Schließlich sollten stillstehende Elektronen kein Magnetfeld erzeugen können!

Die relative Hall-Spannung

Ein Strom erhält in einem von einem Magnetfeld durchsetzten Leiter eine Ablenkung. Diese Ablenkung kann man als Spannung messen (sogenannter Halleffekt).

Ursache für die Ablenkung ist die bekannte Lorentz-Kraft. Die Lorentz-Kraft ist die Kraft, die einen Elektromotor antreibt.

Nach Ersetzen des Stroms I gemäß Relativitätstheorie folgt:

$$F = L B I_0 \sqrt{1 - \left[\frac{v}{c}\right]^2}$$

F   Lorentzkraft
L   Länge des Leiters im Magnetfeld senkrecht zur Bewegungsrichtung
B   Magnetische Induktion
I_0 Stromstärke im ruhenden System

Ein Elektromotor würde in einem hyperschnellen Raumschiff langsamer laufen, weil die Lorentzkraft schwächer ist.

Bei hohen Geschwindigkeiten müßte die Hallspannung geringer sein.

Für die Hallspannung gilt:

$$U_{Hall} = R_H \frac{B I_0}{d} \sqrt{1 - \left[\frac{v}{c}\right]^2}$$

U_{Hall}	Hallspannung	d	Dicke des Blättchens
I_0	Stromstärke im ruhenden System	v	Geschwindigkeit des Systems
R_H	Hall-Konstante (materialabhängig)	c	Lichtgeschwindigkeit
B	Magnetfeld		

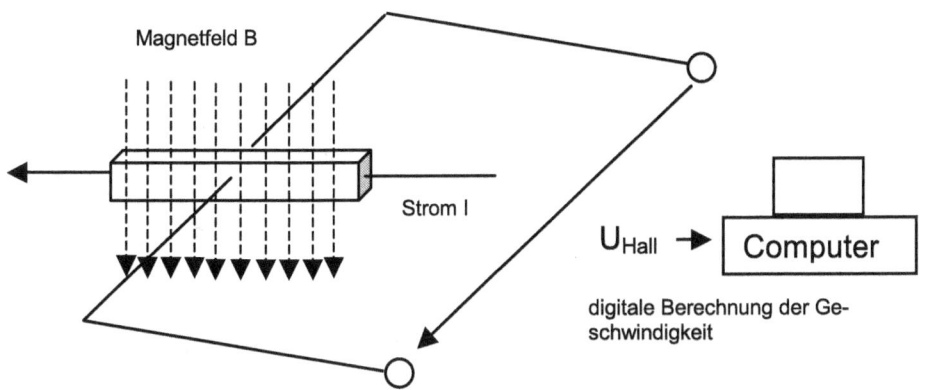

Bild: Der Hochgeschwindigkeitsmesser auf Basis des Hall-Effekts

Für die Geschwindigkeit gilt:

$$v = \sqrt{\left[1 - \frac{(U_{Hall}\, d)^2}{(R_H\, I_0\, B)^2}\right]}\; c$$

Über die Messung der Hallspannung in einem sich mit hoher Geschwindigkeit bewegenden System könnte die Relativitätstheorie erneut bestätigt bzw. widerlegt werden.

Die relative Transformatorspannung

Die Ausgangsspannung eines Transformators muß gemäß Relativitätstheorie auf Grund des erhöhten relativen Widerstandes und der niedrigeren relativen Frequenz sinken.

Bei der Dimensionierung der Schaltung sollte der Wirkwiderstand R wesentlich größer als der induktive Widerstand der Spule sein. Dadurch wird der Strom nur durch den Wirkwiderstand und nicht durch die Spule bestimmt.

Dies wirkt sich günstig auf die relative Änderung der Ausgangsspannung des Transformators aus.

Ansonsten erhöht sich der Strom, wenn die Frequenz der Spannungsquelle sinkt.

Durch ein Übertragungsverhältnis > 1 wird der Effekt der Stromminderung entsprechend dem Übertragungsverhältnis verstärkt.

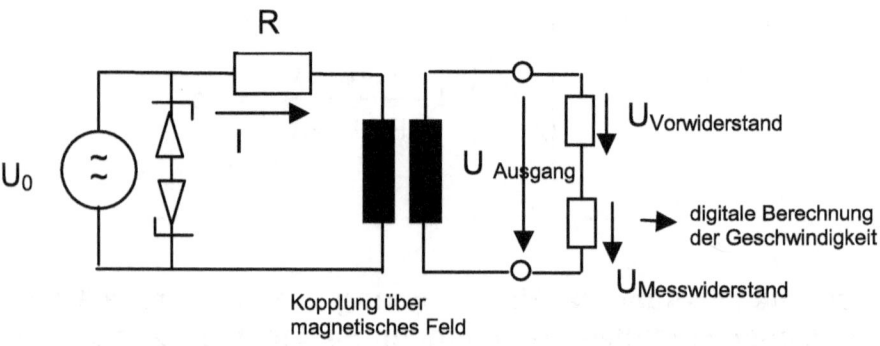

Bild: Der Transformator als Hochgeschwindigkeitsmesser

Für die Ausgangsspannung des Transformators gilt:

$$U_{Ausgang} = j\, I_1\, M\, \omega$$

$U_{Ausgang}$	Ausgangsspannug
I_1	Stromstärke der Primärseite
ω	Kreisfrequenz ($2\pi f$)
M	Gegeninduktivität

Nach Ersetzen der Zeit t und des Stroms I gemäß Relativitätstheorie folgt:

$$U_{Ausg.} = j\, M\, 2\pi \frac{1}{t_0} \sqrt{\left[1 - \frac{v^2}{c^2}\right]}\; I_0 \sqrt{\left[1 - \frac{v^2}{c^2}\right]}$$

$U_{Ausgang}$	Ausgangsspannug
I_0	Stromstärke im ruhenden System
f_0	Frequenz im ruhenden System
M	Gegeninduktivität
v	Geschwindigkeit des Systems
c	Lichtgeschwindigkeit

Für die Geschwindigkeit gilt:

$$v = \sqrt{\left[1 - \frac{U_{Ausgang}}{j\, M\, 2\pi\, f_0\, I_0}\right]}\; c$$

Die relative Änderung der Spannung ist bei gleicher Geschwindigkeit deutlich höher als die Änderung der Hallspannung.

Während bei einer Halbierung der Hallspannung erst bei 87% der Lichtgeschwindigkeit zu rechnen ist, tritt beim Transformator eine Halbierung der Spannung schon bei 71% auf (unter der Voraussetzung, daß sich der Strom I_0 durch die Frequenzänderung nicht verringert, was durch eine entsprechende Dimensionierung der Schaltung zu erreichen ist).

Außerdem ist der absolute Wert der Spannung durch den Verstärkungsfaktor ü, der durch das Verhältnis der Windungszahlen der Primärwicklung zu dem der Sekundärwicklung (N_1/N_2) erzielt wird, höher. Trotzdem wäre es notwendig, die Spannung zu verstärken und zu digitalisieren.

Ein Computer kann dann über die digitalisierte Spannung die Geschwindigkeit berechnen.

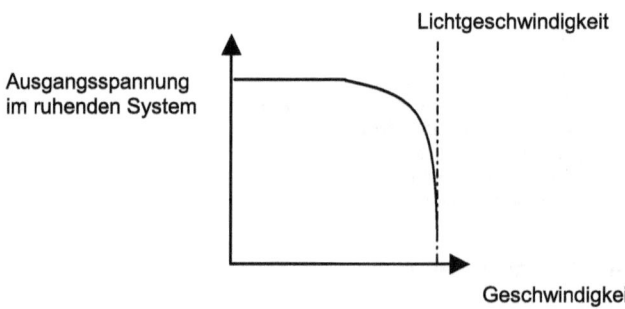

Bild: Die Ausgangsspannung eines Transformators sinkt mit wachsender Geschwindigkeit.

**Fazit
Die Effekte der Zeitdilatation müßten sich lokal über ein geschwächtes elektromagnetisches Feld nachweisen lassen!**

Das Informationsquant

Bit ist die Abkürzung für Binary Digit, was soviel heißt wie Zweizahl. Ein Bit ist die kleinste Informationseinheit und trägt die einfache Information <Ja> oder <Nein>, <wahr> oder <falsch>, <0> oder <1>.

Trotzdem ist es möglich aus dieser kleinsten Einheit höherwertigere Informationen zu bilden.

Bild: In der Analogtechnik sind, wie in der klassischen Physik, alle Zustände erlaubt.
In der Digitaltechnik gibt es, wie in der Quantentheorie, nur 0 oder 1.

8 Bit ergeben ein Byte. Mit einem Byte können $2^8 = 256$ Zustände und damit das ganze Alphabet mit Zahlen und Sonderzeichen kodiert werden.

In der Nachrichtentechnik werden Bits als Spannungsimpulse übertragen. Eine <1> könnte zum Beispiel als ein Spannungsimpuls von 1 Volt übertragen werden. In einem Computer werden wiederum diese Spannungsimpulse in Kondensatoren gespeichert und weiterverarbeitet. Ist der Kondensator geladen, so trägt er die Information <1>, im ungeladenen Zustand <0>.

Die Natur kennt aber keine Ecken. Das erkennt man, deutlich, wenn man versucht einen Rechteckimpuls zu erzeugen oder gar über eine Leitung zu übertragen. Rechteckimpulse existieren nur theoretisch. Die Natur schleift unerbittlich alle Kanten aus Rechteckimpulsen heraus und macht daraus Nadelimpulse. Denn eine Ecke würde eine unendlich schnelle Änderung bedeuten. Dies ist unmöglich, da alles maximal mit Lichtgeschwindigkeit passieren kann.

Außerdem wäre das Frequenzspektrum eines Rechteckimpulses, sprich seine Energieverteilung, unendlich, was nicht möglich ist. Je kürzer das Signal, desto stärker seine Energieverteilung über alle Frequenzen.

Das Signal wird um so unschärfer, je kürzer es andauert.

Die Natur wehrt sich unerbittlich gegen unendlich schnelle Änderungen. Werden Elektronen eines Atoms impulsartig angeregt, dann ist das abgestrahlte Licht unscharf, also weiß, weil es durch die große Energieverteilung nahezu alle Frequenzen enthält.

Will man Licht mit scharfem Spektrum, also Licht einer bestimmten Farbe erzeugen, muß man die Elektronen über einen sehr langen Zeitraum sehr periodisch anregen.

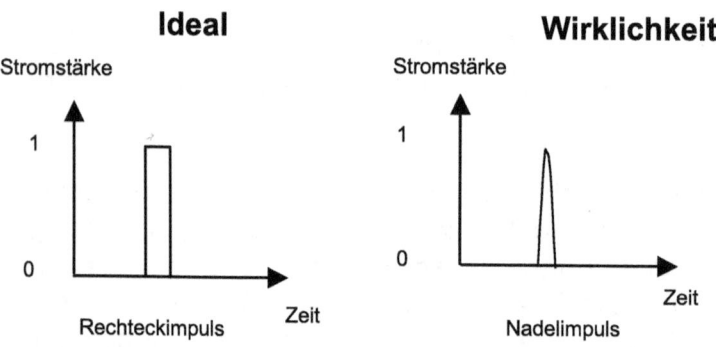

Bild: Idealer und realer Rechteckimpuls

In der Hochfrequenztechnik werden sogenannte Hohlleiter eingesetzt, in denen sich die elektromagnetische Welle gerichtet fortbewegt. Ein Hohlleiter besitzt einen metallischen Mantel. Der Innenraum ist mit Luft gefüllt, weil in Luft die Phasengeschwindigkeit am höchsten ist. Sie stellen den Übergang zwischen galvanischer und optischer Übertragung dar.

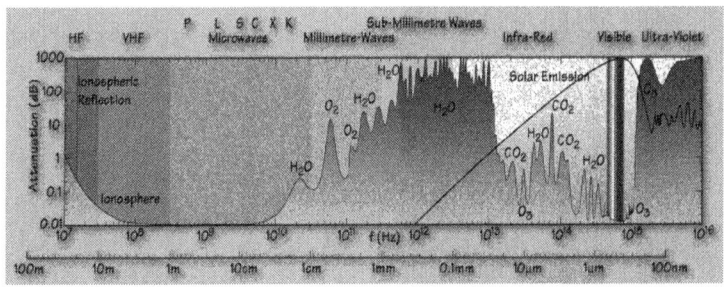

Bild: Dämpfung von elektromagnetischen Wellen in der Atmosphäre über den ganzen möglichen Frequenzbereich (0 db bedeutet keine, 20 db eine Dämpfung im Verhältnis 1 zu 10). Hohe Frequenzen werden von der Atmosphäre fast vollständig absorbiert.

Um möglichst hohe Übertragungsgeschwindigkeiten (Gigabit pro Sekunde) zu erreichen, werden Lichtwellenleiter eingesetzt. Die Übertragung von digitalen Lichtimpulsen kann über Laserdioden als Sender und Fotodioden als Empfängersystem realisiert werden.

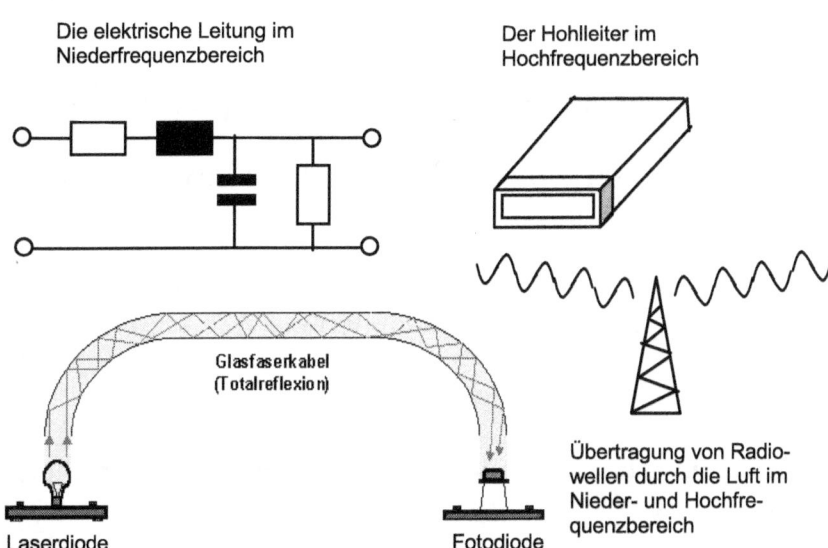

Bild: Eine elektromagnetische Welle breitet sich in verschiedenen Medien aus.

Bei der digitalen Übertragung wird, vereinfacht ausgedrückt, das Licht eingeschaltet, wenn eine <1> übertragen wird und bei einer <0> ausgeschaltet. Wenn Licht in verschieden Farben verwendet wird, können über dieselbe Glasfaser sogar mehrere Übertragungskanäle realisiert werden.

Gemäß Quantentheorie wird Energie portionsweise als Energiequanten übertragen. Das kleinste Bit besteht aus einem Photon, einem Lichtteilchen bzw. Lichtquant. Ein Photon überträgt die Information Licht oder kein Licht und hebt damit ein Elektron von einer energieniedrigen Bahn auf eine höhere.

Das kleinste Bit der Welt entspricht der Dauer eines Wellenzuges eines Photons maximaler Frequenz bzw. kleinster Wellenlänge, und man kann es als **Informationsquant** verstehen.

Die Länge eines solchen Lichtquants entspricht 10^{-24} sec.

Die kleinste Zeiteinheit gemäß Quantentheorie beträgt jedoch 10^{-43} sec.

Damit wäre das Spektrum eines solchen Signals 10^{43} Hz breit.

Das Spektrum elektromagnetischer Wellen reicht jedoch nur von etwa 10^2 bis 10^{24} Hz.

Wie paßt die kleinste Zeitdauer der Quantentheorie mit dem kleinst möglichen Photon zusammen?

Fazit
Das kleinste Bit ist als Informationsquant zu verstehen und wäre 10^{-24} sec lang!

Baud statt Bit

Der Vorteil der digitalen Übertragung gegenüber der analogen liegt darin, daß man bei der digitalen Übertragung die Kopie nicht vom Original unterscheiden kann.

Diesen Vorteil bezahlt man mit Bandbreite.

Bandbreite hat die Dimension $\sec^{-1}$. Je kürzer ein Signal, desto höher dessen Bandbreitenbedarf. Es ist möglich, den Bandbreitenbedarf zu verringern, indem man pro Takt nicht 1 sondern 2 oder mehr Bits überträgt. Diese Übertragung ist dann jedoch nicht mehr binär, und die zu übertragenden Daten müssen vor dem Senden zwischengespeichert werden.

Man gleitet auf diese Weise von der digitalen allmählich in die analoge Übertragung. Man spricht in diesem Fall auch nicht mehr von Übertragungsgeschwindigkeiten, sondern von Baudraten. Pro Takt werden dann zum Beispiel zwei Bit gleichzeitig 00, 01,10 oder 11 übertragen.

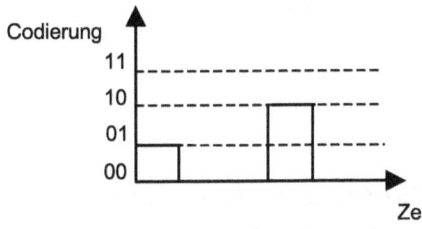

Bild: Übertragung eines B (01 00 00 10), wenn 2 Bit mit einem Impuls übertragen werden.

Mit der Quadratur Amplituden Modulation (QPSK) wird bei einer Baudrate von 2400 bit/sec eine Übertragungsgeschwindigkeit von 4800 bit/sec erreicht, weil pro Takt 2 Bits übertragen werden. Die 1024-QAM überträgt sogar 10 Bits gleichzeitig pro Takt.

Diese Erhöhung der Übertragungsgeschwindigkeit bekommt man allerdings nicht umsonst.

Das Signal-Rauschverhältnis sinkt bei diesen höherwertigen Phasenumtastverfahren, was dazu führt das die Bitfehlerwahrscheinlichkeit steigt. Damit geht der Vorteil der digitalen Übertragung, der nahezu fehlerfreien Übertragung von Informationen, verloren.

Eine andere Möglichkeit, die Übertragungsgeschwindigkeit zu erhöhen, ist die Datenmenge durch Kompression zu verringern. Daten können oft leicht um 50% komprimiert werden, weil viel redundante Information in ihnen steckt.

Sie sind sozusagen aufgebläht.

Nach der Übertragung werden die Daten einfach wieder dekomprimiert. Da Daten komprimiert werden können, wirft sich natürlich die Frage auf, wie man den minimalen Informationsgehalt eines Signals bestimmt. Um Sprache analog zu übertragen benötigt man mindestens 3400 Hz Bandbreite, während man im ISDN (digitales Telefonnetz) Sprache mit 64.000 Hz überträgt. Durch intelligente Übertragungssysteme ist es heute möglich, Sprache digital mit etwa der gleichen Bandbreite zu übertragen wie mit analogen Verfahren.

Fazit
Die Übertragung von Informationen benötigen ein Mindestmaß an Bandbreite, sprich Zeit, unabhängig davon, ob die Information analog oder digital übertragen wird!

Informationen kosten Zeit

In Experimenten wurde festgestellt, daß das menschliche Hirn Informationen in Zeitfenstern von etwa 30 Millisekunden zusammenfaßt. Verantwortlich hierfür ist unser Kurzzeitgedächtnis. Liegen die Informationen dichter beisammen, können sie zeitlich nicht mehr voneinander getrennt werden.

Auch in der Nachrichtentechnik faßt man Informationen als Informationseinheiten, sogenannten Bits, in Zeitfenstern zusammen. Informationen zu erzeugen, bedeutet Ordnung schaffen. Prinzipiell widerstrebt der Natur Ordnung. Deshalb muß man Energie und Zeit aufwenden, um Informationen zu erzeugen.

Die Zeit wird versuchen, diese Ordnung wieder in Unordnung zu verwandeln. Das stellen Sie fest, wenn Sie eine Musikkassette nach Jahren wieder hören möchten.

Wie erzeugt man eigentlich Information?

Eine Atomuhr basiert auf der Tatsache, daß ein Cäsium-Atom mit einer sehr hohen Genauigkeit Energie absorbiert und wieder abgibt. Informationstechnisch gibt es ist nichts Langweileres als eine Atomuhr, denn eine Atomuhr erzeugt eine hochpräzise Schwingung in der keinerlei Information steckt. Auch, ob die Schwingung mit einer höheren oder kleineren Frequenz abläuft, ist informationstechnisch nicht interessant.

Solche Signale eigenen sich in der Nachrichtentechnik vorzüglich als Trägerfrequenz. Das Aufschalten von Informationen auf eine Trägerfrequenz nennt man Modulation.

In der Digitaltechnik überträgt man Zeichen als achtstellige Bitfolge. Ein A wird zum Beispiel als 01 00 00 01 übertragen.

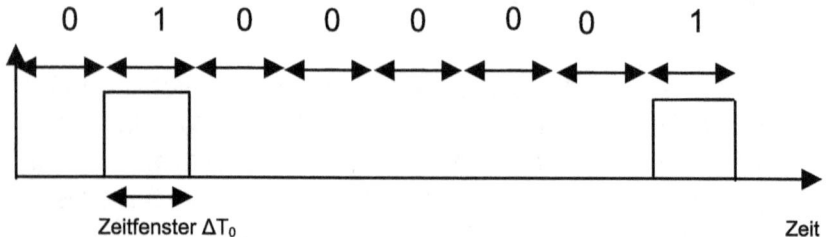

Bild: Übertragung der Bitfolge 01 00 00 01 (A)

Diese Information könnte man in eine elektromagnetische Welle packen, indem man einfach einen Spannungsimpuls bei <1> einschaltet und bei <0> ausschaltet. Dieses Verfahren ist als Amplitudenumtastung (ASK= Amplitude Shift Keying) bekannt.

Um einen Rechteckimpuls rekonstruieren zu können, muß gemäß Niquist-Theorem mindestens die Grundfrequenz des Rechteck-Impulses, die dem Kehrwert der zweifachen Bitdauer entspricht, übertragen werden.

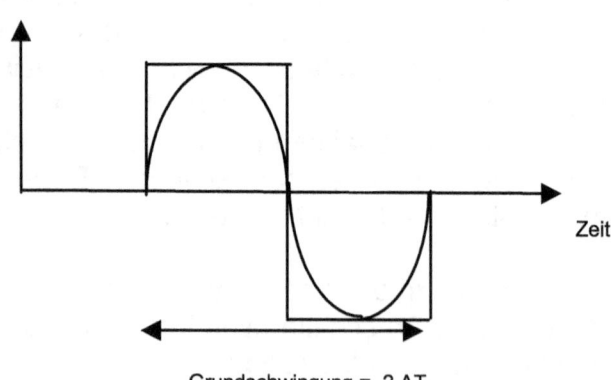

Bild: Ein Stromimpuls

Das Spektrum des Rechteck-Impulses kann über die Fourier-Transformation berechnet werden:

$$F(j\omega) = \int_{-\infty}^{\infty} f(t) \varepsilon^{-j\omega t} dt$$

F(jω)   Fourier-Transformation
ω   Kreisfrequenz (2πf)
t   Zeit
f(t)   Zeitfunktion (hier: Rechteckimpuls)

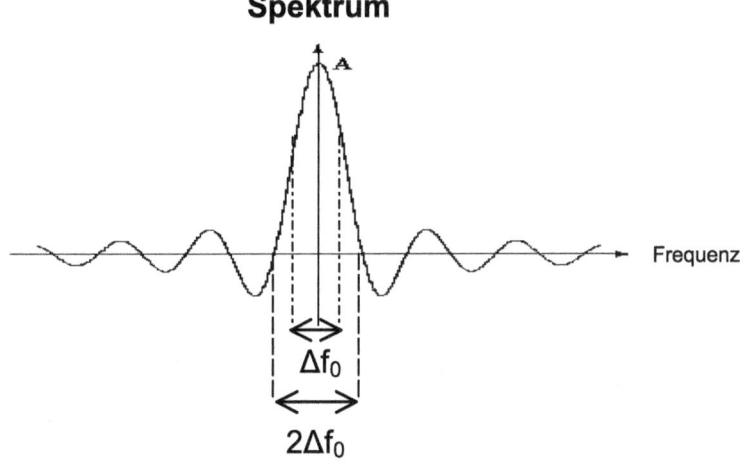

Bild: unendliches Spektrum eines Rechteckimpulses mit minimalem Informationskanal Δf_0

Das Spektrum eines Rechteck-Impulses, der nur eine kurze Zeit ansteht, ist unendlich und genügt der si-Funktion
y= A sin(x)/x:

Es ist ein Maß für die Ungewißheit der Information in einem Zeitsignal. Je kürzer das Zeitsignal, desto ungewisser die Information über die Frequenz des Signals.

Das Übertragungsmedium begrenzt den Fluß von Informationen, wie ein Gartenschlauch den Wasserfluß.

Genauso wie die Lichtgeschwindigkeit eine unüberwindbare Barriere darstellt, so stellt sich auch die Übertragungsgeschwindigkeit von Informationen als unüberwindbare Barriere dar. **Dieser Barriere haben wir einen Namen gegeben. Sie heißt *Zeit*.**

Ein Überschreiten dieser Barriere scheint nicht möglich. Denn die Frequenzunschärfe bzw. die Energieverteilung eines Signals wird größer, je kürzer das Signal angeschaltet (beobachtet) wird.

$$\text{Übertragungsgeschwindigkeit} = \frac{\text{Information}}{\text{Zeit}}$$

Gemäß der Formel für die Übertragungsgeschwindigkeit kann man leicht erkennen, daß sich die Übertragungsgeschwindigkeit um denselben Faktor reduziert, um den sich die Zeit dehnt.

Welche Folgen hätte die Dehnung der Zeit, insbesondere wenn zwei Inertialsysteme miteinander kommunizieren möchten?

Die Unschärfe für ein Sinus-Signal, das nur eine kurze Zeit ΔT_0 angeschaltet ist, beträgt:

$$\Delta f_0 = \frac{1}{\Delta T_0}$$

Δf_0 Frequenzunschärfe im ruhenden System ($f_{02} - f_{01}$)
ΔT_0 Zeitfenster im ruhenden System ($t_{02} - t_{01}$)

Die streng digitale Übertragung von Informationen benötigt pro Bit ein Herz Bandbreite!

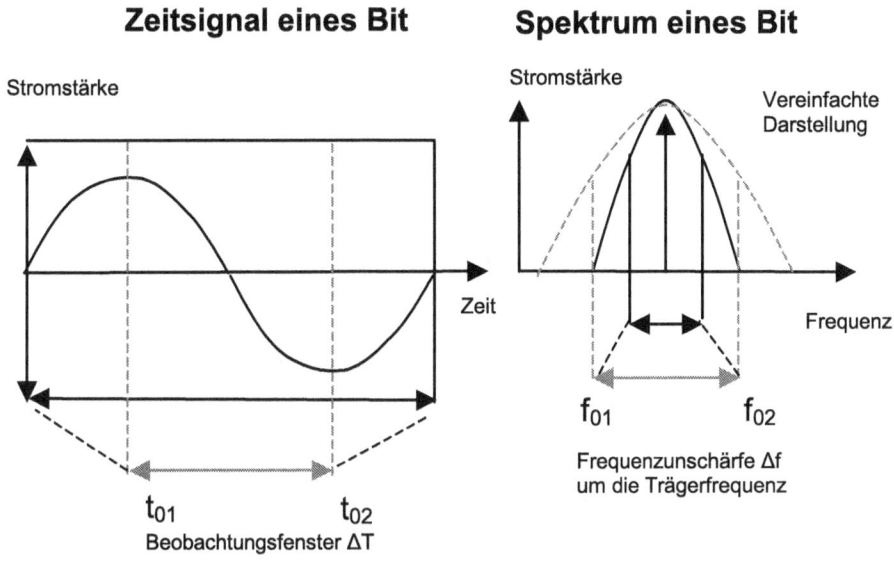

Bild: Zeitsignal und vereinfachtes Spektrum eines einzelnen Bits

Was die Gruppenlaufzeit für die galvanische Übertragung ist, ist die Dispersion für die Übertragung von Lichtsignalen.

Denn bei Licht stößt man auf das gleiche Problem. Unterschiedliche Wellenlängen haben unterschiedliche Geschwindigkeiten in Glas.

Jeder Lichtimpuls besitzt eine gewisse Bandbreite. Licht einer bestimmten Wellenlänge bzw. Frequenz gibt es nur in der Theorie. Das ist auch der Grund, warum man Licht über ein Prisma in seine Spektralfarben zerlegen kann.

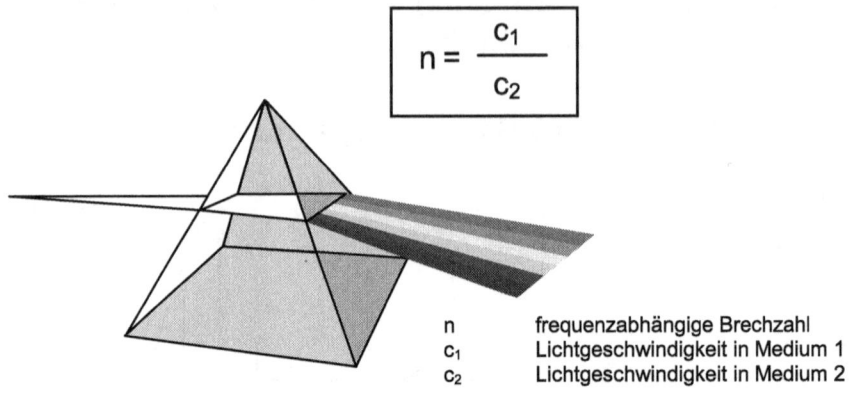

n	frequenzabhängige Brechzahl
c_1	Lichtgeschwindigkeit in Medium 1
c_2	Lichtgeschwindigkeit in Medium 2

Bild: Licht breitet sich in Glas mit verschiedenen Geschwindigkeiten aus

Der Vollständigkeit halber sei erwähnt, daß es auch noch andere Verfahren, wie die Frequenz- oder die Phasenumtastung gibt, um Informationen digital zu übertragen.

Für diese Verfahren gilt aber prinzipiell dieselbe Betrachtungsweise, nämlich, daß ein Impuls nicht unendlich kurz sein kann, weil seine Freqenzunschärfe unendlich wäre.

Es gilt also die Regel:

Je kürzer das Signal, desto größer die Unschärfe bzw. die Ungewißheit der Information.

Dieser Effekt ist als *Unschärfetheorie der Nachrichtentechnik* bekannt. Ein Stromimpuls, der unendlich kurz ist, besitzt ein unendlich breites Frequenzspektrum.

Einen solchen Stromimpuls, der nur theoretisch existiert, bezeichnet man nach dem berühmten Physiker, der auch das Positron vorhergesagt hat, als Dirac-Impuls.

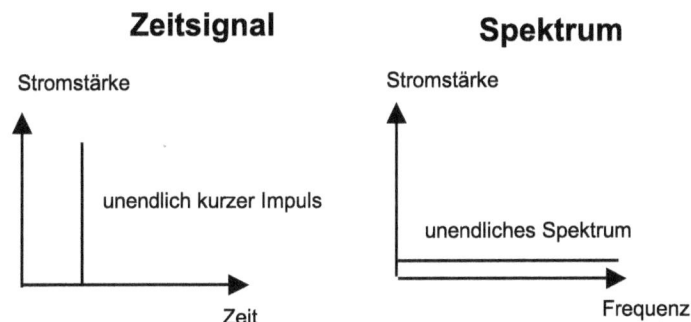

Bild: unendlich kurzer Impuls und sein Spektrum

Daraus folgt, daß für eine scharfe Spektrallinie das Beobachtungsfenster für ein Sinussignal gegen unendlich gedehnt werden muß. Dies soll gemäß Relativitätstheorie einfach möglich sein, weil man sich ja nur mit annähernder Lichtgeschwindigkeit bewegen müßte. Damit dehnt sich automatisch auch das Beobachtungsfenster, was wiederum zur Folge hat, daß die Frequenzunschärfe schwindet.

Zur Erinnerung aus dem Kapitel *„Die Zeitdilatation"*:

$$f = f_0 \sqrt{1 - \left[\frac{v}{c}\right]^2}$$

Für ein beliebiges Raum-Zeit-System gilt:

$$\frac{\Delta f}{\sqrt{1 - \left[\frac{v}{c}\right]^2}} = \frac{1}{\Delta T \sqrt{1 - \left[\frac{v}{c}\right]^2}}$$

Die Unschärfe beträgt demnach auch gemäß Spezieller *Relativitätstheorie*:

$$\Delta f = \frac{1}{\Delta T}$$

Δf Frequenzunschärfe im bewegten System (f_2-f_1)
ΔT Zeitfenster im bewegten System (t_2-t_1)

Eine Dehnung der Zeit geht immer mit einer Verringerung der Unschärfe einher. Inertialsysteme sind nicht physikalisch gleichwertig, weil die Unschärfe eines Zeitsignals verschieden ist. Bei Lichtgeschwindigkeit wäre die Unschärfe sogar 0.

Würden zwei Inertialsysteme über Funk miteinander kommunizieren, wäre das veränderte Spektrum meßbar und würde entsprechend zu Problemen führen.

Bild: Raumschiff Enterprise funkt Signale an die Erde.

Zeitsignal

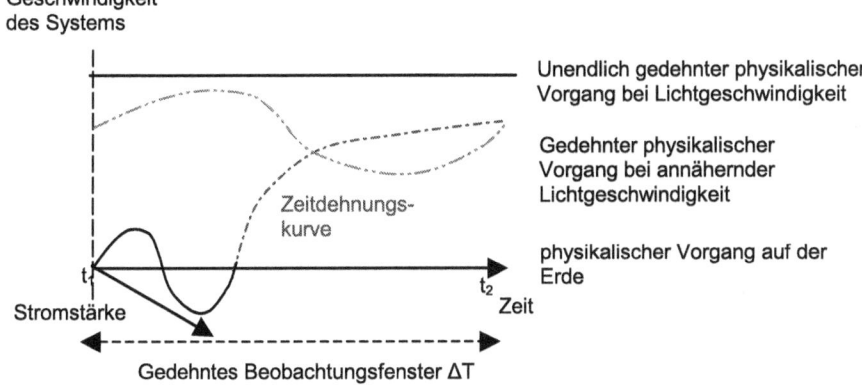

Bild: Dehnung des Beobachtungsfensters

Spektrum

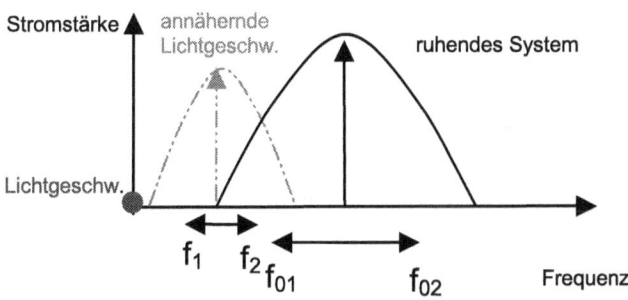

Bild: Die Frequenzunschärfe bei gedehntem Zeitfenster

Denn Signale, die in dem sich mit nahezu Lichtgeschwindigkeit bewegenden Raumschiff gedehnt sind, haben natürlich auch ein anderes Frequenzspektrum, mal abgesehen von dem einhergehenden Dopplereffekt, der dadurch entsteht, daß das Raumschiff beim Senden ständig die Entfernung zur Erde verändert. Bei Lichtgeschwindigkeit gibt es keine Wechselspannung. Außerdem geht die Amplitude des Signals gegen 0, so daß von dem Signal nichts übrigbleibt.

Von alledem soll man jedoch lokal nichts merken, denn die

Inertialsysteme sollen physikalisch gleichwertig sein.

Das klingt wie Zauberei!

Für ein Photon, das sich mit Lichtgeschwindigkeit durch das Universum bewegt, soll angeblich die Zeit stillstehen.

Was passiert aber, wenn es plötzlich auf $^2/_3$ Lichtgeschwindigkeit abgebremst wird, wenn es auf Glas trifft?

Erfährt es dann einen Zeitsprung?

Ruckartig fängt für das Photon beim Eintritt ins Glas die Zeit wieder zu laufen an, um beim Austritt aus dem Glas wieder stehen zu bleiben?

So ähnlich erklärt man ja die längeren Zerfallszeiten von Mesonen, für die auf Grund ihrer hohen Geschwindigkeit die Zeit gedehnt und der Weg zur Erde verkürzt sein soll.

Wie soll man einem Photon die Fähigkeit zuschreiben, daß dessen magnetische Komponente der elektrischen vor- oder nacheilt? Das Photon müßte sich hierzu ja irgendwie teilen.

Der Traum der Menschheit, mit annähernder Lichtgeschwindigkeit oder gar mit Überlichtgeschwindigkeit im Universum zu reisen, ist leider unmöglich, denn gerade mal reine Energie, vermag Lichtgeschwindigkeit zu erreichen.

An einen Zeitsprung bei Erreichen der Lichtgeschwindigkeit kann ich nicht glauben, wohl aber daran, daß das Erreichen der Lichtgeschwindigkeit für Materie aus **prinzipiellen Gründen** nicht möglich ist.

Die *Unschärfetheorie der Nachrichtentechnik* macht klar, warum es nicht möglich ist, die Zukunft vorauszusagen. Nämlich, weil in der Gegenwart Informationen prinzipiell **unscharf** sind.

Erst wenn man eine gewisse Zeit gewartet hat, werden Informationen klarer, und man kann Aussagen über die Vergangenheit treffen. Die Zukunft bleibt jedoch unscharf und unbestimmt.

Einstein glaubte, er könne die Zukunft berechnen, wenn er zu einem bestimmten Zeitpunkt alle Informationen hätte. Dabei vernachlässigte er jedoch das Unschärfeprinzip, das es unmöglich macht, zu einem bestimmten Zeitpunkt genaue Informationen überhaupt zu bekommen.

Die Unschärfetheorie der Nachrichtentechnik zeigt, daß es *aus prinzipiellen Gründen* unmöglich ist, die Lottozahlen oder Aktienkurse mit 100%iger Verläßlichkeit vorauszusagen.

Auch die *Allgemeine Relativitätstheorie* funktioniert nach dem Wahrscheinlichkeitsprinzip. Man merkt es nur nicht so sehr, weil sich unser Sonnensystem nur sehr langsam verändert, und man sehr asymmetrisch mehrere Milliarden Jahre in die Vergangenheit zurückschauen kann, um mit diesen Informationen die nächsten paar Jahre vorauszusagen.

Die Unschärfetheorie der Nachrichtentechnik verhindert, daß ein Beobachter auf der Erde einem Beobachter in einem hyperschnellen Raumschiff die Zukunft vorausagt. Wären die Inertialsystem physikalisch gleichwertig, könnte das tatsächlich gehen.

Einstein glaubte anscheinend daran, ich nicht! Denn ich glaube an Zufall, nicht an Schicksal.

Fazit
Zeit **läßt sich nicht überlisten!**
Die Zukunft ist aus prinzipiellen Gründen ungewiß.

Epilog

Die existentielle Frage, woher die enorme Menge an Energie kommt, die unser Universum hat entstehen lassen, wird die Menschheit wahrscheinlich noch Jahrhunderte beschäftigen.

Die Phantasien, die aus der Relativitätstheorie erwachsen, wie zum Beispiel die Durchtunnelung des Universums über Wurmlöcher oder Reisen in die Vergangenheit entbehren echter wissenschaftlicher Grundlage.

Zeit ist keine echte Dimension, an der wir uns entlangbewegen können.

Vielmehr handelt es sich bei Zeit um die Erkenntnis, daß Teilchen nicht an 2 Orten zugleich sein können und Ereignisse mit einer maximalen Geschwindigkeit in einer bestimmten Reihenfolge ablaufen, wobei die Unordnung irreversibel wächst, so daß Vergangenheit, Gegenwart und Zukunft entstehen.

Die universelle Zeitdauer wird durch die maximale Geschwindigkeit, die Licht erreichen kann, definiert und ist prinzipiell unabhängig von Materie und für das ganze Universum einheitlich.

Die Relativitätstheorie versteht unter *Zeit* die *Dauer von physikalischen Vorgängen*.

Unterschiedliche Raum-Zeit-Systeme, wenn sie denn existieren, sind physikalisch nicht vollständig gleichwertig.

Hier irrte Einstein.

In einem Raumschiff, das sich mit annähernder Lichtgeschwindigkeit bewegt, gehen die Lichter aus.

Aus Goethes Faust

Hab nun, ach, die Philosophei,
Medizin und Juristerei,
Und leider auch Theologie
Durchaus studiert, mit heißer Müh.
Da steh ich nun, ich armer Tor
Und bin so klug als wie zuvor.
Heiße Doktor und Professor gar
Und ziehe schon an die zehen Jahr'
Herauf, herab und quer und krumm
Meine Schüler an der Nas' herum
Und seh, daß wir nichts wissen können,
Das will mir schier das Herz verbrennen.
Zwar bin ich gescheiter als alle die Laffen,
Doktors, Professors, Schreiber und Pfaffen,
Mich plagen keine Skrupel noch Zweifel,
Fürcht mich weder vor Höll noch Teufel.
Dafür ist mir auch alle Freud entrissen,
Bild mir nicht ein, was Rechts zu wissen,
Bild mir nicht ein, ich könnt was lehren,
Die Menschen zu bessern und zu bekehren;
Auch hab ich weder Gut noch Geld,
Noch Ehr und Herrlichkeit der Welt.
Es möcht kein Hund so länger leben!

Drum hab ich mich der Magie ergeben,
Ob mir durch Geistes Kraft und Mund
Nicht manch Geheimnis werde kund.
Daß ich nicht mehr mit saurem Schweiß
Rede von dem, was ich nicht weiß.
Daß ich erkenne, was die Welt
Im Innersten zusammenhält,
Schau alle Wirkungskraft und Samen
Und tu nicht mehr in Worten kramen.

Fazit
Die Reise ist das Ziel allen Wissens!

Quellen

Bücher

Taschenbuch der Elektrotechnik und Elektronik	Lindner / Brauer / Lehmann
Physik - Formeln und Gesetze	Horst Kuchling
Physik	Kiessling, Körner, Mende, Sp.
Nachrichten-/Übertragungstechnik	Ulrich Freyer
Signalisierungs- und Messverfahren	Gabler/Krammling
Die Schwarzen Löcher	Isaac Asimov
Kurze Geschichte der Zeit	Stephen Hawking
Logik eines Jahrhundertirrtums	Günther Baer
Physik im Wandel	Urban / Paul
$E=mc^2$	Gerald Kahan
Geheimnisse unseres Universums	Joachim Bublath
Quanten sind anders	Thomas Görnitz
Schrödingers Kätzchen	John Gribbin
Das elegante Universum	Brian Greene
The Arrow of Time	P. Coveney & R. Highfield
Abenteuer Kryptologie	Reinhard Wobst

Lexika

Encarta 95	Microsoft

Webseiten

www.cern.sh
www.c-online.de
www.sciam.com
www.guforc.com
www.eso.org
www.fsg-marbach.lb.bw.schule.de
www.gwdu19.gwdg.de
www.osram.de
www.members.eunet.at
www.immens.de
www.cyberpass.net
www.alien.de
www.seilnacht.tuttlingen.com

www.ingramcontent.com/pod-product-compliance
Lightning Source LLC
Chambersburg PA
CBHW050209230526
45470CB00001B/312